生态影响类建设项目环境保护事中事后监督管理机制研究

刘 殊 等编著

中国环境出版集团·北京

图书在版编目（CIP）数据

生态影响类建设项目环境保护事中事后监督管理机制研究/刘殊等编著. —北京：中国环境出版集团，2020.9

ISBN 978-7-5111-4383-9

Ⅰ．①生… Ⅱ．①刘… Ⅲ．①建筑工程—环境保护—环境管理—研究 Ⅳ．①X3

中国版本图书馆 CIP 数据核字（2020）第 141769 号

出 版 人	武德凯	
责任编辑	李兰兰	更多信息，请关注
责任校对	任 丽	中国环境出版集团
封面设计	宋 瑞	第一分社

出版发行 中国环境出版集团
　　　　　（100062　北京市东城区广渠门内大街 16 号）
　　　　　网　　　址：http://www.cesp.com.cn
　　　　　电子邮箱：bjgl@cesp.com.cn
　　　　　联系电话：010-67112765（编辑管理部）
　　　　　　　　　　010-67112735（第一分社）
　　　　　发行热线：010-67125803，010-67113405（传真）
印　　刷　北京中献拓方科技发展有限公司
经　　销　各地新华书店
版　　次　2020 年 9 月第 1 版
印　　次　2020 年 9 月第 1 次印刷
开　　本　787×960　1/16
印　　张　8.5
字　　数　130 千字
定　　价　39.00 元

《生态影响类建设项目环境保护事中事后监督管理机制研究》

编著者名单

刘　殊　张　乾　张良金　孙　捷　李　佳

安广楠　梁　慧　赵　琴　董博昶　于　航

前　言

近年来，随着政府职能转变和行政审批体制改革的深入推进，简政放权、放管结合已成为国家行政管理的必然要求。建设项目环境保护事中事后监管不断深化改革、完善机制、强化执法、加强监督，取得了重要进展，但是，总体来看，仍存在主体责任不落实、环境监管不到位、体制机制不顺畅等问题。因此，亟须以《环境保护法》《环境影响评价法》等法律法规和"十三五"绿色发展国家环境管控政策为指南，剖析现行的环境影响评价制度、施工期环境监理、竣工环境保护验收以及环境影响后评价等事中事后管理制度之间的关系特征，研究建立生态影响类建设项目事中事后监管机制，规范监管程序、内容和方法，以指导生态影响类项目建设和运行过程中的环境保护工作，不断提高建设项目环境监管能力和水平，推进环境质量改善。

本书剖析了我国生态影响类建设项目环境保护监督管理现状及存在的问题，借鉴国内外管理经验，提出了全周期、全层次、全空间的监管体系设计思路，并在此框架下研究提出了"双随机"抽查制度、"三同时"清单式管理制度以及企业自律守法体系建设等监管机制。同时，选择公路、铁路、港口、煤炭等典型行业，对其监管内容、后评价指标体系以及监管技术方法进行了研究。

全书由刘殊统稿，第 1 章由张乾编写，第 2 章由张良金、孙捷、梁慧、安广楠、董博昶编写，第 3 章由孙捷、李佳、赵琴、于航编写，第 4 章由刘殊、张乾、张良金编写。

本书编撰过程中，得到了生态环境主管部门的悉心指导，咨询了业内多名权威专家，在此一并表示感谢。

因工作经验和知识领域的局限，书中还存在许多不足之处，旨在抛砖引玉，不当之处恳请广大读者批评指正。

目　录

第1章 总 论

1.1 研究背景

1.1.1 适应"简政放权、放管结合"管理体制的需求

转变政府职能,简政放权,"管"和"放"同等重要,缺一不可。如何做好"放""管"结合、"放""管"并举是深入推进政府职能转变的重大挑战。"管",就是事中事后监管,是当前改革面临的一大"短板",比较突出的问题主要有三个方面。一是监管理念不到位。以批代管、以费代管和以罚代管的现象还普遍存在。二是监管体制不健全。多头监管、权责不对应问题严重,监管职责既交叉又缺位;监管能力不足,信息不对称现象普遍存在。三是监管方式不科学。监管部门较多采用"静态式""运动式"的监管方式,平常监管不严,无心顾及问题隐患,问题暴露后才一拥而上。

环境影响评价(以下简称环评)是政府履行环境管理职责的重要手段。推进环评的简政放权已成为生态环境部门转变职能的一项重点工作。面对环评管理权力下放、任务下沉、重心下移这"三下"的态势,探索如何建立源头严防、过程严管、违法严惩的事中事后监管工作机制,确保环评审批权放得下、接得住、管得好,是适应"简政放权、放管结合"管理体制的重要需求。

1.1.2　完善环境管理制度的需求

　　长期以来，我国建设项目环境管理实行环境影响评价制度、"三同时"制度和竣工验收制度。2015 年 12 月，环境保护部出台了《建设项目环境影响后评价管理办法（试行）》（部令　第 37 号），强化了建设项目后评价工作的管理。从对建设项目全过程的环境管理来看，环境影响评价制度是"事前"管理，在预防环境污染和生态破坏方面起到重要作用；"三同时"制度和竣工验收制度属于"事中"管理，集中于项目建设过程中污染防治和生态保护措施落实情况的监督管理；后评价属于"事后"管理，对建设项目在通过环境保护设施竣工验收且稳定运行一定时期后，实际产生的环境影响以及污染防治、生态保护和风险防范措施的有效性进行跟踪监测、验证评价并提出补救方案或者改进措施的管理制度。为了进一步加快环境保护工作由注重事前审批向加强事中事后监督管理的转变，规范建设项目环境保护事中事后监督管理，环境保护部出台了《建设项目环境保护事中事后监督管理办法（试行）》（环发〔2015〕163 号），对监督管理的依据和主要内容、责任主体、执法监督手段等进行了规定。

　　针对污染源管理，我国建立了排污许可制度，出台了《排污许可管理办法》，通过与环评制度的有效衔接，强化了对以污染物排放为主的工业类建设项目的环境管理。环评制度重点关注新建项目选址布局、项目可能产生的环境影响和拟采取的污染防治措施。排污许可与环评在污染物排放上进行衔接。在时间节点上，新建污染源必须在产生实际排污行为之前申领排污许可证；在内容要求上，环境影响评价审批文件中与污染物排放相关的内容要纳入排污许可证；在环境监管上，对需要开展环境影响后评价的，排污单位排污许可证执行情况应作为环境影响后评价的主要依据。

　　以生态影响为主的建设项目，如公路、铁路、港口、煤炭等行业的建设项目，其环境影响的方式、途径与工业类建设项目显著不同，主要表现在施工期影响突出以及运营期影响具有长期性、累积性和不确定性等特点。一方面，现行管理制度对施工期和运营期的监管不足，无法对生态影响类建设项目实际造成的环境影响及生态保护措施的落实进行全面检验和准确评估。另一方面，适用于工业类建设项目的排污许可证的管理方式和机制，在指导生态影响类建设项目建设和运行全过程的环境保护工作方面缺乏针对性和有效性。因此，现阶段亟须系统梳理现行环境影响评价制度、施工期环境监理、竣工环境保护验收以及环境影响后评价等事中事后管理制度之间的关系，设计出适用于生态影响类建设项目的环境管理体系，以进一步完善我国的环境管理制度。

1.1.3 全面提高生态影响类建设项目环境管理效能的需求

现行环境管理制度在执行过程中存在的"重审批、轻监管"的问题，其主要的原因之一是相关配套政策和技术规范的缺失。

施工期环境监理最早于 1995 年在黄河小浪底水利枢纽工程中开展，2002 年国家环保总局、铁道部、交通部、水利部、国家电力公司、中国石油天然气集团公司联合发布了《关于在重点建设项目中开展工程环境监理试点的通知》（环发〔2002〕141 号），在青藏铁路格尔木至拉萨段等 13 个重点建设项目中开展了工程环境监理试点工作。随着试点工作的开展，建设项目环境监理逐步常态化，在环境监理工作开展过程中出现了一批如青藏铁路、成兰铁路、洋山深水港区三期工程（二阶段）等重大项目环境监理典型案例。从实践经验来看，建设项目环境监理受到相应技术规范或指南缺失、专业人员力量不足等关键问题的制约，造成施工期环境管理的效果大打折扣，如工程变更环境管理问题突出、环境监测（控）计划以及施工期环境保护措施落实不到位等。而大多数建设项目在竣工验收之后，对环境监测计划的落实情况、一些环境保护措施尤其是生态保护措施的长期效果往往缺乏有效的监管。2008 年以来，青藏铁路，京港澳高速公路湘潭—耒阳段，上海国际航运中心洋山深水港区一期、二期、三期工程，山西平朔安太堡露天矿等建设项目开展了环境影响后评价工作，原环境保护部组织相关技术单位以水库工程、煤矿开采和公路工程为典型案例对环境影响后评价的技术、方法、管理体系等进行了系统研究。但是，目前还没有正式出台指导重点行业开展环境影响后评价的配套规范或指南。

因此，结合典型案例研究提出公路、铁路、港口、煤炭等生态影响类建设项目事中事后监管指南，对于提高生态影响类建设项目事中事后监管的针对性、科学性与可操作性是十分必要的。

1.2　研究内容

1.2.1　生态影响类建设项目环境保护事中事后监管机制

根据国家相关法律法规以及环境保护相关政策、规定和要求，厘清环境保护事前审批与事中事后监管的关系，研究生态影响类建设项目事中事后监管与排污许可制度、"三同时"制度等环境保护相关制度有效衔接机制，明确生态影响类建设项目环境保护事中事后监管的要求，结合行业特点，开展环境保护事中事后监管责任、工作程序、内容、方法以及监管方式的研究，分析监管效果，提出生态影响类建设项目环境保护事中事后监管的实施方案。

1.2.2　生态影响类重点行业环境保护事中事后监管内容

结合典型案例研究公路、铁路、港口、煤炭等重点行业施工期环境监理、竣工环境保护验收、环境影响后评价制度实施情况及存在的主要问题，评估监管效果；结合不同行业特点，分别提出施工期和运行期的环境监管内容，建立监管指标体系；研究建立公路、铁路、港口、煤炭等行业后评价指标体系，为后评价指南提供技术支持。

1.2.3　生态影响类重点行业环境保护事中事后监管技术方法

系统梳理公路、铁路、港口、煤炭等行业现阶段监管的主要技术方法，分析存在的问题，充分挖掘"3S"技术及可见光、多光谱、热红外等无人机载荷等技术在事中事后监管中的应用，结合典型案例研究，提出适用于不同行业环境保护事中事后监管的技术方法。

1.3 研究方法

1.3.1 环境管理政策和制度分析法

通过剖析现行的环境影响评价制度、施工期环境监理、竣工环境保护验收以及环境影响后评价等事中事后管理制度之间的关系特征，指出各种制度环境管理效能中存在的问题与面临的挑战，通过创新环境管理制度和监管模式，构建企业守法、过程严管、违法严惩的事中事后环境管理机制。环境管理政策和制度分析工作关注以下内容：①环境管理政策和制度的法律基础：分析环境管理政策和制度在各级法规下的合法性；②环境管理政策和制度的技术基础：分析可以支撑目标实现的当前和预期的技术因素；③环境管理政策和制度的执行效率：评估现行环境管理政策和制度的执行情况，判断政策的执行效率和预期目标的实现情况。

1.3.2 文献资料研究法

收集公路、铁路、港口和煤炭行业施工期和运营期环境管理制度、内容和方法等相关文献和资料，分析并提取监管机制、指标体系、技术方法和平台框架建设等方面可借鉴的信息。

1.3.3 案例分析法

结合公路、铁路、港口和煤炭行业的典型案例，梳理施工期环境监理、竣工环境保护验收、后评价制度在上述行业中的实施情况及存在的主要问题，评估监管效果。

结合公路、铁路、港口和煤炭行业的典型案例，梳理施工期和运营期的主要监管内容和相关指标，按照"影响覆盖全面、指标普遍适用"的总体原则，建立生态影响类建设项目事中事后监管指标体系。

1.3.4   专家咨询法

广泛征求环评专家、各级生态环境主管部门的意见，完善监管机制和监管指南。

第2章　国外建设项目环境保护监督管理研究

为加强环境保护，提高管理效能，国内外一直在积极探索建立健全环境管理制度和创新监管方法。本章通过系统梳理国外典型行业环境保护监督管理制度，总结可借鉴的经验，为我国建设项目环境保护事中事后监管机制的完善提供支撑。

2.1　国外典型行业环境保护监督管理制度

2.1.1　矿山开采

2.1.1.1　美国

美国在矿山环境管理方面建立了环境影响评价制度、环境恢复保证金制度、环境许可制度、环境监督检查制度等，实现了矿山全生命周期的生态环境监管。对拟开发的矿山，企业委托第三方开展环境影响评价工作，环评文件由矿产地质处责成有关环境监督员进行初步审查，如审查合格，则将审查情况提交矿山土地复垦委员会进行审核，如果委员会认为矿山企业所采取的开采方式、设备、环境设施符合矿山环境保护要求，则通过新闻媒介向社会公众通报拟新建矿山的情况，并举行公众听证会，如果社会认可，则核发环境许可证。环境许可证的内容较为详细，对开采方式、设备、技术、环境标准等均有明确的要求。矿山企业必须在上缴环境恢复保证金后，方可取得合法的矿山采矿权。联邦和各州的环境保护监督检查员将按照环境许可证中的各项要求，检查矿山在建设和开采过程中执行环境保护规定的情况。如检查员发现矿山企业环境保护工作达不到要求，则向矿山企业提出警告，特殊情况下可提出停采等惩罚措施。一般情况下，停采或关闭矿山等惩罚措施需经矿山土地复垦委员会批准后才能执行。由于有严格的管理和监督制度，矿山环境保护工作一般均能按批准的环境许可证的要求实施。下面重点介绍环境恢复保证金制度、环境许可制度、环境监督检查制度以及《露天采矿管理与恢复（复垦）法》的相关内容。

（1）矿山环境恢复保证金制度

保证金制度是确保被破坏的环境得以按环境保护及复垦要求，进行环境恢复的基本制度，可充分调动矿业主的生态环境保护和闭矿环境恢复的主动性和积极性。环境恢复保证金总额以矿山开采前五年破坏面积的环境恢复费用为准，保证金的计算采用全成本法，包括购置复垦设备的费用等，每公顷土地为 1 500～4 000 美元。环境恢复保证金需在获得环境许可证后、开采前交纳，或由银行、保险公司担保，承担责任。环境恢复，要求矿业主把土地至少恢复到原来的使用价值，达到环境许可证要求后，则向矿业主返还保证金。为了保证植被生长的持续性，返还全部保证金需要有一个滞后期，如在美国西部规定恢复植被要达到 10 年以上，才返还全部保证金。

对于《露天采矿管理与恢复（复垦）法》颁布之前已废弃的矿山，不追究原矿业主的矿山复垦经济责任。正在开发的矿山需按法律要求开展矿山环境保护工作。该法颁布之前的废弃矿山数量庞大，如科罗拉多州现有废弃矿山 2.2 万多座，由政府负担的环境恢复资金需求巨大，为筹集资金，联邦政府统一从煤矿开采中提取复垦费，如露天开采 1 t 煤提取 0.35 美元复垦基金、地下开采 1 t 煤提取 0.25 美元复垦基金，这些钱大部分返回州政府作为已废弃矿山的复垦费用。即使这样，废弃矿山复垦经费仍存在相当大的缺口，以科罗拉多州为例，废弃矿山所需的复垦费用预算为 1 亿美元，每年约需 700 万美元，但实际上，州政府每年只有 200 万美元，仅能选择对公共安全危险性最高的矿山进行环境整治。

（2）矿山环境许可制度

未取得环境许可证的矿山，不得进行开发活动。环境许可证附有文件，明确矿业主在矿山环境保护和土地复垦方面的主要责任和具体要求并附图，如对建筑物的布局、废物排放、堆放地、矿山环境整治、土地复垦都有明确的要求。因此，许可证不是一般的证书，而是一份有法律效力的详细技术文件。矿山监督员依据环境许可证上的具体要求，对矿山环境保护工作实施监督检查。如果矿山需要对开采工艺、环境保护工作进行变更，需申请变更许可证内容。在环境许可证变更手续未被批准前，对矿山开采工艺、设备和环境保护等工作进行变更，都视为违法行为。美国的矿山环境许可证和采矿许可证［也称为土地使用证（包括租约）］是分别领取的，但申请环境许可证需要具备资源评价、环境影响评价、环保计划、开采方式和复垦计划等基本资料并交许可证费。矿山环境许可证由州政府发放，联邦政府对发放许可证有监督权。在特殊区域和特殊条件下，联邦政府发放特殊许可证。

（3）矿山环境监督检查制度

环境监督检查制度是环境影响评价制度、环境恢复保证金制度和环境许可制度等三项制度贯彻实施的保障制度。矿山环境监督检查的具体执行者，是联邦内政部露天采矿办公室和各州自然资源局矿产地质处设立的矿山环境监督检查员，不定期地抽查各州煤矿开采计划、环境保护计划和复垦计划的执行情况。对于未下放权力给州政府的七个州的煤矿矿山环境保护工作，联邦矿山环境监督检查员实施直接的监督检查。州政府的矿山环境监督检查员，按照各自的工作分工，直接对管辖的煤矿和其他矿山进行监督检查。矿山企业应设有专职的环境保护工程师，负责矿山的环境保护工作。他们具体负责实施矿山环境保护计划和土地复垦计划。对矿山环境问题的监督管理工作，州政府拥有较大的决策权，联邦政府对环境污染的管理只有一般性规定，但对复垦工作有较详细的规定，其目的主要是责成州政府重视矿山土地恢复工作。联邦和州政府的矿山环境监督检查员对矿山环境负有直接的监督管理责任，监督的内容涉及生态环境、环境地球化学、土地复垦、地质灾害、矿山生产工艺等方面，检查的重点是有毒物质和酸性矿坑水的排放和处理情况、矿山上交的保证金和土地实际破坏情况是否一致、是否按许可证要求进行土地恢复；接受矿山所在地公民的申请，并在 10 天内进行检查，及时做出答复。政府授予矿山环境监督检查员一定的管理权力，如矿山企业每年要定期向环境监督检查员提交矿山环境变化和环境保护工作执行情况的报告；如发现矿山企业违反了矿山环境保护要求，可以立即发处罚通知单给矿山企业，通告违反的内容，要求及时改正。在紧急情况下，矿山环境监督检查员有临时中止采矿活动甚至要求矿山关闭的权力，并有权提出具体的环境要求。中止的命令需立即上报矿山土地复垦委员会，以便研究是否长期中止开采或关闭。处罚分五种情况，一是无证开采；二是违反环境保护规章；三是违反环境许可证的特定要求；四是违反监督检查员和复垦委员会发出的执行指令；五是违反复垦委员会签署的保护环境的命令。处罚主要采取经济手段，在规定期限内执行命令的则轻罚，不按期执行的则重罚。

矿产地质处主持矿山环境监督管理日常工作。如在监督管理方面有重要决策，需提请矿山土地复垦委员会审定。需提交复垦委员会审定的事项有：批准矿山环境评价报告书、发放环境许可证、批准中止采矿活动和关闭矿山的处罚命令、签署保护环境的命令等。由此可见，矿山环境保护监督管理工作的重大决策权，是在矿山土地复垦委员会。州复垦委员会由 7 人组成，其成员由州政府指派，但要立法机构同意，其组成人员包括矿山企业代表 2 人、自然资源局代表 1 人、公众代表 2 人、农民代表 1 人及土地复垦、保护代表 1 人，其成员中还应具有 3～4 个不同政党的代表身份，委员会介于政府和民间两者之间，有一定的权威性。

（4）露天采矿管理与恢复（复垦）要求

《露天采矿管理与恢复（复垦）法》（以下简称《复垦法》）于 1977 年 8 月 3 日由国会颁布，是美国第一部全国性的土地复垦法规，实现了在全美建立统一的露天矿管理和复垦标准。

①目标。主要是从法律的角度，要求矿业主对开采造成的土地破坏必须恢复

到原来状态，同时改善矿区破坏的生态环境，但是对采矿破坏土地复垦后其用途是否为农用地并不作要求，矿区自然景观和公共环境才是重点关注的问题。

②要求。《复垦法》要求土地复垦成为采矿过程的一部分，对矿产开采过程中废弃物的处理和堆放、土地复垦恢复到原用途要求的环境以及土地复垦技术与目标都有具体规定，并直接受当地主管部门的监管。每 5 年为一个检验期，验收中任意一项未达到开矿前的指标，则不予通过，需要恢复 5 年再进行第二次验收，未通过验收的仍需继续支付有关费用。

③采矿许可。凡具有毁损土地的商业行为，都有复垦的义务。单位或个人申请许可证进行露天采煤作业时，申请主要内容应包括采矿后的复垦计划。矿山企业在开采前对矿区必须有详尽的自然环境调查记载，包括地质、地形、土壤状况、植被、野生动物、地下水、地表水、文化遗产等。对恢复（复垦）规划未通过审批的采矿申请，州管理机构或者内政部不予发放采矿许可证。

④土地复垦基金。《复垦法》颁布前已经闭坑或废弃的矿山完全由政府负责复垦，政府从矿山开采活动中收缴复垦基金用于政府负责的矿山复垦。矿山按季度上交复垦基金。其中 50%上缴联邦用于全国范围内的紧急情况项目或没有开展矿山复垦项目的州政府土地复垦；50%留在州政府，用于各州的矿山复垦项目。复垦基金还可来源于个人、企业、组织或基金会的捐赠。

⑤管理机构。美国土地复垦管理主要由美国内政部牵头，由内政部露天采矿与恢复（复垦）执法办公室具体负责实施，内政部的其他部门也依法进行与本部门有关的土地复垦的管理，其中环境保护局、矿业局和土地局是核心。露天采矿与恢复（复垦）执法办公室于 1979 年组建，是内政部长领导下的联邦机构，专管全国矿山的土地复垦工作。露天采矿与恢复（复垦）执法办公室在 23 个州（复垦工作主要在 23 个州）设立了派出机构，各地、市、县也有机构实行垂直管理。

2.1.1.2 澳大利亚

1996 年，澳大利亚矿业协会制定了《澳大利亚矿山环境管理规范》，规定了各矿山单位在环境管理方面需共同遵守下列 7 项原则：对于开展的所有活动承担环境责任；加强与社区的关系；将环境管理融入工作方式中；最大限度地减少各种活动对环境的影响；鼓励对产品开展有责任的生产和使用；持续地开展改善环境的工作；就环境工作进行交流。

矿业公司为兑现对该规范的承诺，需要履行的义务包括：无论公司在什么地方运作，都应该执行该规范；在注册的两年时间内，提交年度环境执行报告；完成对规范执行情况的年度调查，根据规范的原则对进展情况进行评价；应有 1 名审计员对调查结果进行核实，至少每 3 年核实一次。2000 年，世界自然基金会对各矿业公司提交的 32 份年度环境执行报告进行了独立评估，制订了报告的规范格式。鉴于社会对矿山开采活动环境影响的关注，矿业部门组建了澳大利亚矿业外部咨询小组，为调查和改进措施提供专门的咨询建议。

（1）年度环境执行报告书制度

根据《澳大利亚矿山环境管理规范》，矿业公司必须在每年规定的时间向矿业主管部门提交"年度环境执行报告书"，进行年度工作的回顾。矿业公司所做的复垦工作必须以文件的形式记载、计算机管理，届时由计算机系统通知提交报告。如不提交"年度环境执行报告书"，矿业主管部门会再次通知。若再不提交，矿业主管部门将考虑告知矿业权授权部门收回采矿权。

（2）矿山监察员巡回检查制度

政府的矿业主管部门对"年度环境执行报告书"审查后由分管监察员到矿业公司进行现场抽查。发现矿山环境未治理好，当地居民不满意的，影响较小则口头或者信件通知整改；如拒绝接受且环境影响严重的，可书面指导，监察员现场直接书面通知；如问题严重可向上级反映，勒令矿业公司停止工作，同时可罚款并收回采矿权。

（3）复垦保证金制度

环境保护局根据上年度矿业公司土地复垦任务完成情况和周边类似案例的类比分析审核土地复垦费用，以确定保证金缴纳额度，从而制约土地复垦义务人。此外，政府还要求矿业公司每年对已复垦土地的基础设施进行维修，并作为复垦资金预算的一个重要组成部分加以审查。基于鼓励和推广的目的，复垦保证金缴纳比例根据复垦效果确定：复垦工作做得最好的企业仅缴纳 25% 的复垦保证金，其他企业须 100% 缴纳。缴纳面积为每年扩大开采的面积，并将已复垦面积按比例抵消破坏的土地面积以作为奖励。复垦保证金不要求用现金支付，而是通过银行或其他经认可的财政机构全部担保的方式实现复垦的资金担保。

（4）"边开采，边复垦"，重视复垦措施和技术的应用

澳大利亚矿山应用的多种复垦技术都处于世界领先水平，尤其是对废弃矿场的复垦和植被恢复。许多开采过的矿山如今都是国家公园，地面上少有被挖掘破坏的痕迹。例如，为保护名贵的红木林，在采矿前对土壤取样，采集被清除植被的种子并妥善保存，上部土壤层、岩石层分开转移到合适的地方保存，最后剥离岩层进行采矿。采矿之前即为复垦做好了准备，采矿与复垦并举。在法律要求、政府监管、公众监督下，土地复垦已成为澳大利亚矿业公司的自觉行为。

2.1.1.3　德国

法律健全、执法严格是德国土地复垦工作最显著的特点。土地复垦工作有一整套管理机构和工作程序，按照批准的规划，严格组织实施，并由地方政府、采矿公司和当地群众联合组织验收。复垦后景观完全符合复垦规定的标准，恢复质量很高。

第一部复垦法规是 1950 年 4 月 25 日颁布的《布鲁士采矿法》。此外，既有专门的立法如《废弃地利用条例》，又有其他相关立法如《土地保护法》、《城乡规划条例》、《水保护法》、《矿山采石场堆放条例》、《矿山采石场堆放法规》和《控制污染条例》。在这些法律法规中对土地复垦的程序、内容、操作步骤都进行了详尽

的规定。同时规定了矿业主的法律责任，使土地复垦有了法律保障。德国主要是露天煤矿复垦，非常注重矿区的景观生态重建，政府颁布的《联邦采矿法》《矿产资源法》等，是德国矿区景观生态重建的重要法律依据。这些法律法规对采矿后矿山复垦工作如何开展列有明确条款，要求各采矿企业在申报开矿计划的同时必须把采矿后的复垦规划、复垦方向、资金渠道等一并报批，否则不允许开矿，且规定采矿企业在采矿停止后两年内必须完成复垦工作。

德国联邦政府没有专门负责土地复垦的机构，联邦政府和州政府只负责制定比较原则的土地利用规划，地方政府特别是社区政府负责具体的土地复垦利用规划的制定和土地复垦的工作。地方政府负责土地复垦的机构有环境保护、矿业管理、经济管理部门，这些部门按照有关的法律规定各负其责，共同推动土地复垦。

（1）采矿权与复垦资金保证制度

德国《联邦采矿法》规定矿区业主必须对矿区复垦提出具体措施并作为采矿许可证审批的先决条件，即采矿许可证的签发必须以一份具体的矿山关闭报告为前提。该报告须经矿业主管部门核准，内容应包括停止采矿生产作业的详细技术可行性说明与关停期限。复垦资金来源一般有以下三种途径：私有企业由企业自己提供复垦经费，由采矿公司出资先期存入银行作为复垦费用，专款专用；国有企业由联邦或地方政府拨付复垦资金；地方集资或社会捐赠获取资金。联邦政府成立专门的矿山复垦公司承担遗留的老矿区的土地复垦工作，复垦资金由政府全额拨款，并按联邦政府占 75%、州政府占 25%的比例分担。对于新开发的矿区，矿区业主必须预留复垦专项资金，其数量由复垦的任务量确定，一般占企业年利润的 3%。

（2）详尽的复垦标准和要求

德国的土地复垦工作通常从整体生态的变化和满足群众对环境的需要出发，而不仅仅是种树或平整土地。有完备的科学数据为依据来确定复垦标准，公众也具有良好的环境教育和环境保护的意识。《联邦采矿法》对开发和复垦也提出了严格的环境保护要求和质量标准，如必须对因开矿所占用的森林、草地进行异地等面积的恢复；对露天开挖的表土层和深土层分类堆放以便复垦，并确保复垦后能迅速恢复地力；复垦为耕地的应种植作物 7 年并变为熟地后，才予以验收。

2.1.2　港口

2.1.2.1　美国

在美国的管理机制中，港口的管理和运行不属于联邦政府直接管辖，而由联邦政府交由州政府管辖。州政府成立港务局（属于企业），代表州政府对联邦政府用于建设港口的岸线资源和州政府在港口的资产进行管理。在环境管理方面，港务局主要通过建立港口环境管理体系进行绿色港口建设，该体系采用 ISO 14001 标准作为指导，有利于评估港口各项工作对环境造成的影响，并且便于港务局发现潜在的危害根源，对预防污染、节约能源和合理应用港口资源大有益处。

在 2004 年，纽约—新泽西港就开始在公用泊位和船舶给养区域执行环境管理体系，后来逐渐扩展到航道疏浚以及码头操作等各个方面。同时港务局也注重加强内部培训和对外宣传，增强港口员工的可持续发展理念，并将其融入港口发展与操作的过程中，还帮助社会大众了解港口的发展目标，以便对港口的经营行为进行监督。

加利福尼亚州长滩港基于 ISO 14001 环境管理认证，首次推出"绿色港口政策"，政策包括 6 个基本元素，每一个都有独立的总体目标：野生动植物——保护、维持和恢复水生生态系统及海洋生物栖息地；空气——减少港口的有害气体排放；水——改善长滩港的水质；土壤、沉积物——去除、处理或实施以使其能重新利用；社区参与——就港口运营和环境保护规划与社区互动，并进行社区教育；可持续性——将可持续发展的理念贯彻到港口设计、建设、运营和管理的各个方面。通过采用 ISO 14001 环境管理体系和环境审计，实现了港口的"绿色"水平持续提升，目前长滩港水质已达到 10 多年来的最佳水平。

2.1.2.2 欧洲

欧盟国家的港口环境管理主要采用"环境管理与审计计划"（EMAS）和自诊断法（SDM）等环境管理工具。与 ISO 14001 认证一样，欧盟国家的港口环境管理主要依托港口企业依据环境管理工具开展日常环境管理工作，通过环境管理工具的例行认证和监督，实现政府和第三方机构对港口企业的环境监督。港口企业也通过相关认证提升自己的环境管理绩效和市场认可度。EMAS 是对欧盟和欧洲经济区运作下的公司和组织进行评估、报告和提高环境绩效的管理工具，其宗旨是不断提高参与者的环境能力。EMAS 是以企业自主参加为前提，对环境行为（绩效）加以评价，使之不断提高，并将有关的环境信息公开。实施该计划主要考虑以下几方面：建立并实行与企业相适应的环境方针、环境计划和环境管理体系；对环境计划、环境管理体系的实施情况举行定期的、有组织的、客观的评价；将环境管理信息加以公开。从以上几点来看，EMAS 与 ISO 14001 并没有本质上的区别。作为一种环境管理工具，EMAS 与 ISO 14001 标准在欧洲国家均得到广泛应用。欧洲的港口企业，有的既申请 ISO 14001 认证，也参加 EMAS 接受环境审核，有的只是选择其中一种。SDM 是一种较新的环境管理工具，以 ISO 14001 标准为基础，用于初步评价目前港口的环境管理绩效，并与之前的数据进行对比分析，提出改进港口管理的措施。此外，该工具也可以用于不同港口间管理水平的对比。SDM 主要包括：根据相关标准，评价港口现有的环境状况；指出港口环境保护的重点内容；对港口运营过程中产生的环境影响进行评价；协助港口开展 ISO 14001 或 EMAS 认证初始阶段工作；辅助港口编写环境报告。

英国各港口的环境保护及应急计划：在交通环境部下属的海洋污染控制中心的监督下，各港口每年应向港务管理局提供环境保护及应急计划，每 5 年向环境署和海洋污染控制中心提供环境保护及应急计划，提出具体目标、措施和实施办法，各级有明确的责任和监督措施。在监督作用下，英国各港口对环境保护工作非常重视。如菲利克斯港口有自己的环境保护队伍和船舶、码头废弃物接收处理设施，港区内由港方进行环境保护执法。利物浦港设有环境污染监测控制中心，负责港口环境监测、管理及海上应急计划。

2.1.3　铁路

2.1.3.1　法国

法国铁路建设前期，可委托一家或多家环境专题咨询方对项目进行充分的环境影响研究和评估，提出减轻环境影响的措施；施工期，工程监理是施工的组织者，同时也承担环境保护责任，在施工合同中明确环境保护设计要求，并编写"环境说明书"指导施工；建成运营后，由建设单位起草环境总结，并对其结论负责，法国国营铁路总公司负责运营基础设施的维修保养，遵守对环境的承诺。

2.1.3.2　德国

德国在铁路建设的环境管理体系、环境影响评价程序及参建单位的监督管理等方面较为完备。在项目选线和设计阶段，环境的相容性是线路走向及具体线位确定的一个重要因素，环评与设计紧密结合，结合沿线环境保护要求和环境特点对各方案进行优选。在施工阶段，施工单位按照环评文件及环境保护设计篇章落实环境保护措施，当地环境保护行政部门对项目的环境保护工作进行监督和检查。同时，德国铁路部门重视 ISO 14000 环境管理体系的认证，很多铁路企业开展了认证工作。

2.1.3.3　美国

美国非常注重铁路建设项目全过程环境保护管理。在项目前期，铁路建设需要开展环境评价工作，并且在规划、可行性研究、设计等各个环节都必须广泛听取沿线地区公众、社会团体和有关环境保护协会的意见和建议；建设期，遇到重大环境问题需要报告环境保护部门，由环境保护部门进行检查，项目如果穿越原始森林，施工单位须在砍伐森林前征求林业部门的批准，环境保护部门要对施工范围内的野生动物栖息情况进行详细调查；运营期，建立了环境监测制度并开展环境后评价。

2.1.4　公路

2.1.4.1　美国

美国交通部在公路管理局下设规划与环境保护处，直接负责项目规划和实施过程中的资源环境保护，具有环境管理和监督职能。同时，在各个项目中分别设有专门的环境监理部门，在环境管理和监督上基本不受其他部门的干扰，从而能够有效地保证"环保优先"。工程环境监理实施过程中，充分体现"尊重自然、恢复自然"的理念。工程环境监理的最主要内容是看是否将对自然的扰动、破坏努力控制在最小限度内，如在施工前是否先将树木移走，建成后原地栽植；在动物出没的地段是否建设动物通道，避免对动物栖息地的分割；是否尽量避绕森林、湿地、草原等重要生态区域等；是否采取措施恢复原来的自然群落等。

2.1.4.2　澳大利亚

澳大利亚环境监理部门非常重视公路项目施工对环境的影响，施工过程中着重对水、空气、土地、动植物、生态平衡进行保护，以及解决噪声等污染问题。对施工中的环境监理的要求包括以下内容：第一，实行施工单位环境监理资格证制度。环境保护部门依照各施工单位的环境保护业绩评定其环境监理资质，具有相应环境监理资质的施工单位才能承担相应的建设工程环境监理工作。第二，严格施工计划审批制。施工单位在承揽项目后、开工前要编制详细的环境保护计划。环境保护计划经政府部门和监理机构批准后项目才能开工。第三，完善监测制度。施工单位对施工过程中的环境影响进行实时监测，每月编制环境监测报告，环境监理部门定期进行检查和抽查监测，以检验施工单位自检的可靠性。此外，环保警察会对环境保护法律执行情况进行监察，确保环境保护标准落到实处。

2.1.4.3　德国

在德国，为避免、减少及补偿公路建设对环境造成的影响，公路建设之前有关部门拟定了长期的保护措施以及严格的工程环境监理制度。施工期主要依靠环境监理确保环境保护工作的效果，环境监理机构应及时指出公路建设中出现的环境问题，并责成施工单位对造成的环境损害进行补偿。

2.2　世界银行的建设项目环境管理

2.2.1　全过程环境管理

世界银行贷款项目的环境管理涵盖了整个项目周期。在项目初始开发阶段（相当于我国的项目建议书阶段），要求环境专家参与项目设计，对项目内容进行筛选和强化。在项目后续设计、施工期和运营期，也要充分考虑环境因素，在项目开始实施后，跟踪监测项目的环境影响及环境保护措施落实情况。世界银行尤其强调项目实施过程中环境保护措施的执行，根据项目环境评价的要求（写入贷款协议，通常包括实施的减缓措施、实施进度、预算、实施职责、监管和监测等），定期对项目进行检查，确保各项环境保护措施在项目实施过程中得到落实并达到了预期效果。在项目实施过程中，这些环境文件若有任何修改，须事先获得世界银行的批准，任何变更只能是更加有利于实现项目发展目标、有利于减缓负面环境影响。

世界银行贷款项目主要分为项目鉴别、项目准备、项目谈判、董事会批准、项目实施、项目后评估等 6 个阶段。世界银行的规范流程明确了各个阶段的环境管理主要工作内容和责任主体。从表 2-1 可以看出，世界银行将环境保护责任纳入项目贷款协议中，贷款方再将环境保护相关要求和责任具体落实到与设计方、施工方等签订的合同中，环境管理贯穿项目整个周期和各个环节。

表 2-1   世界银行贷款项目各阶段环境管理工作

项目阶段	主要工作	环境管理工作
项目鉴别	与借款国开展经济调研；制订贷款原则，明确贷款方向；与借款国商讨贷款计划；派出项目鉴定团	初步环境筛选，确定项目类别： A 类：显著的、无先例的、敏感的、不可逆转或影响范围大的。编制环评报告并且开展累积性影响评价； B 类：影响介于 A 类、C 类之间的为 B 类。编制环评报告，不需要开展累积性影响评价； C 类：影响很小或可忽略的。编制环境管理框架； FI 类：世界银行资金通过金融中介金融投资，其子项目可能产生不良环境影响。编制环境管理框架
项目准备	借款国根据项目特征及类别编制项目环评文件，提供给世界银行进行评估；世界银行编制项目评估文件及法律文件草案	环评文件通常由第三方环境咨询机构编制完成，借款国还需要按照世界银行相关政策要求进行公众咨询和信息公开；世界银行派出由各方面专家组成的代表团，从经济、技术、机构、财务、环境和社会等各方面对项目进行评估
项目谈判	确认贷款协议和项目协定等法律文件条款；讨论有关技术问题	将环评要求均逐条列入贷款协议，A 类、B 类项目的环境管理计划也列入贷款协议，C 类和 FI 类项目则是环境管理框架，形成必须执行的法律条款
董事会批准	董事会批准《贷款协议》或《信贷协议》	—
项目实施	项目进入执行阶段，开始建设	借款人按照协议要求落实环境措施，委托第三方监测机构监测环境措施实施效果，并编写执行情况报告，定期向世界银行汇报。世界银行定期对项目进行现场检查
项目后评估	世界银行对项目进行总结，评估项目预期收益的实现程度	借款人和世界银行需要准备项目竣工报告，其中必须明确环境方面的执行情况

2.2.2 环境信息公开与公众咨询

世界银行贷款项目中的环境信息公开政策，体现在其项目准备与实施管理的各个方面。项目前期准备的环境影响评价报告、环境与社会管理计划、项目协定等文件，均在世界银行网站上公开。项目的环评报告需在拟建项目提交执董会谈判前 180 天，在世界银行网站上进行公示，征求社会公众意见，否则不能开始谈判程序。通过各有关方的参与，对主要环境问题进行筛选和审查，并将意见反馈至项目设计中，并在项目审批过程中充分考虑这些问题。世界银行贷款项目社会公众咨询的重点工作，是与受项目影响的社会人群和当地的非政府组织进行协商。对于项目的利益相关者，需向他们公开必要的项目材料及环境方面的文件，充分考虑其诉求并保护其利益。

2.2.3 《环境管理计划》

（1）《环境管理计划》执行与资金安排挂钩

针对 A 类、B 类项目，世界银行通过《环境管理计划》（以下简称《计划》）的实施来开展项目事中环境保护监管。《计划》是指导项目相关单位，包括项目实施单位、施工承包商、施工监理单位等非环境专业人员，按照有关政策要求，实施各项环境保护减缓措施的工作手册。《计划》应包括以下相关内容：项目背景、法律法规框架、环境与社会管理计划实施机构设置及其职责、环境影响评价结论、影响减缓措施、现场环境监理、监测计划、培训计划、实施计划与监督、费用预算等。由于《计划》必须被实施的法律属性，作为项目协定履约的条款，在《计划》报告内要求附上业主的承诺书，其中应对资金安排和环境保护措施落实做出承诺。建设单位必须按照《计划》要求的事项和进度开展环境保护工作，否则世界银行将在资金安排上设置障碍或延迟贷款拨付进度，除非有不可抗拒的客观原因。

（2）《环境管理计划执行报告》制度

一是第三方监测制度。在项目实施阶段，借款人必须委托第三方环境监测机构监测《计划》执行的效果，并编写执行情况报告。监测单位必须制订工作大纲，工作大纲内容包括：项目背景、任务目标、工作范围、咨询顾问人员的资历要求等。监测单位必须按照监测计划执行环境监测并提交检测报告。二是定期和不定期报告制度。《计划》的执行效果需反映在《环境管理计划执行报告》中，执行报告内容主要包括：环境管理体系建设情况、各阶段环境保护措施的落实情况、环境监测情况、下一步工作计划、总结、附件等。执行报告分定期报告和不定期报告。定期报告：每半年向项目办提交环境监测和进度报告、季度报告、半年报告以及年度报告等；不定期报告：根据项目实施的需要，应业主和环境管理部门的要求编制的专题报告。世界银行将组织专家对贷款方提交的执行报告进行审查，并开展现场检查。

（3）将环境影响效果评估作为竣工验收的重要内容

在世界银行贷款项目封账前半年，验收专家组将对竣工验收报告编制工作人员开展培训。验收工作程序：验收报告大纲获得世界银行同意后，编制竣工报告初稿，世界银行根据初稿对项目进行全面检查，形成竣工验收报告最终稿。政策支持、技术支持、公众意见、环境管理、监测评价、环境目标实现、环境影响效果评估等应作为竣工验收的重要内容。

2.2.4　环境影响后评价

在项目结束 2～3 年后，世界银行要求对项目开展后评价，环境影响后评价为后评价的重要内容之一，主要评价建设项目对环境质量、自然资源利用和生态平衡产生的实际影响，并与环境影响评价结果进行对比，复核项目对环境影响实际发生情况和预测评价成果的差异，检验环境影响预测和环境保护设计的合理性，确定项目存在的有利影响和不利影响，提出进一步完善措施和计划。项目后评价由世界银行独立评价局（由未参与项目的专家组成）完成，在后评价过程中，将审阅前期所有工作的相关资料，并对项目现场进行抽查，独立评价局编制完成后评价报告初稿后，交由世界银行相关部门和贷款方有关部门审阅和征求意见，修改后的后评价报告将交由世界银行执行董事会审查批准。

2.3 小结

2.3.1 典型行业环境监管经验

（1）矿山开采

环境管理与采矿权挂钩，将矿山企业的生命线与环境保护主体责任牢牢捆绑在一起；通过复垦保证金和经济激励等经济手段，充分调动矿山企业的环境保护主动性和积极性；采取规范的监督巡查制度，使环境保护和土地复垦成为矿山开采活动的重要组成部分。

（2）港口

港口建设前期主要依靠环境影响评价制度进行环境管理；建设期将环境保护责任纳入施工合同，明确施工环境保护要求；运营期主要通过 ISO 14000 环境认证以及在此基础上建立起来的管理体系实现港口环境管理，行政部门负责监督。为了获得"国际环境通行证"和提升品牌形象，欧美国家港口企业开创了"绿色港口"模式。

（3）线性工程

欧美国家的公路、铁路建设项目，其环境保护工作全面融入规划、设计、施工、运营等各个阶段。特别是在施工过程中，其环境保护责任全面落实到环境监理单位，相关法律法规也对环境监理的监管内容和监管责任进行了明确和细化。

2.3.2 国外建设项目环境监管的主要特点

一是重视法律法规体系建设。西方发达国家的环境保护工作起步于 20 世纪 70 年代，经过几十年的发展，已经形成了较为完善和成熟的法律法规体系，环境保护理念融入各个行业的规划、设计、施工、运营等相关法律法规及规范标准中，政府依法对建设项目进行环境保护监督管理。

二是广泛的公众参与和监督。欧美国家环境保护管理部门60%的工作是进行环境教育。纵观西方环境发展史，非政府环境组织和民众对政府、企业的环境保护工作起到了强大的推动作用。广泛的公众参与和监督也弥补了行政监管的不足与缺陷。构建政府—企业—公众全过程的环境保护监管模式是值得我国生态影响类建设项目事中事后监管借鉴的模式。

三是重视全过程环境保护监管。实施环境监理制度，强化施工期环境监管，是完善全过程环境监管模式的重要举措。我国目前的环境监管模式中施工期监管属于薄弱环节，应尽快将环境保护内容和责任充分纳入工程监理中，并通过法律法规或政策手段确定责任的落地，由事前事后环境监管的思路转变为过程管控的思路，由政府强制性监管转变为政府监督与建设单位自律相结合的监管模式，真正实现建设项目的全过程环境保护监管。

四是注重环境保护机构建设。国外环境保护监管机构都保持了相当程度的独立性和中立性，监管机构与政府相关部门之间存在一定的权力分离，形成了职责分明、互相监督、公开透明的监管体制。各个部门按照法律法规各司其职，共同实现建设项目的环境保护目标。

五是通过经济、市场手段充分调动企业环境保护主动性和积极性。通过环境补偿、经济鼓励、保证金等手段，激励企业将环境保护工作充分纳入生产经营活动中。政府通过提高市场环境准入和改变交易规则，促使企业主动创新自身的环境监管模式，提升市场竞争力。

第3章 我国生态影响类建设项目环境保护监督管理现状

多年来，我国建设项目环境保护监督管理制度不断完善，对我国的环境保护工作起到了至关重要的作用，但在实施过程中也暴露出一些问题。本章通过评估公路、铁路、港口、煤炭等典型行业施工期环境监理、竣工环境保护验收、环境影响后评价制度实施情况，结合典型案例研究、环境管理政策的系统梳理，剖析了我国生态影响类建设项目环境保护监督管理存在的主要问题。同时，结合不同行业特点，分别提出了施工期和运营期的环境监管内容；综合相关研究成果，提出了公路、铁路、港口、煤炭行业环境影响后评价指标体系。

3.1 典型行业环境保护监督管理现状

3.1.1 公路

3.1.1.1 环境管理政策

公路行业环境管理经过 40 年的实践，逐步形成了涵盖规划、设计、施工、竣工各阶段的全过程环境管理政策体系。

2004 年 8 月，交通部发布了《关于交通行业实施规划环境影响评价有关问题的通知》（交环发〔2004〕457 号），要求之后编制的国道和省道公路网规划都要进行环境影响评价。随后，青海、云南、广西、陕西、黑龙江、江西、河南、重庆、湖南、江苏、辽宁、福建、山西等省（区、市）和国家高速公路网相继开展了规划环境影响评价工作。2007 年，国家环境保护总局、国家发展和改革委员会、交通部联合发布《关于加强公路规划和建设环境影响评价工作的通知》（环发〔2007〕184 号），进一步规范公路规划和建设环境影响评价工作，要求加强公路建设、运行过程中的环保监督管理，必要时开展环境影响后评价工作。2012 年 5 月，环境保护部、交通运输部联合发布了《关于进一步加强公路水路交通运输规划环境影响评价工作的通知》（环发〔2012〕49 号），在规划环评和项目环评间建立了联动机制，进一步加强了对规划环境影响评价工作的管理。

2010 年，交通运输部对《公路环境保护设计规范》（JTJ/T 006—98）进行了修订，新规范从社会环境、生态环境、环境污染防治、绿化设计、水土保持及景观设计等 6 个方面指导公路建设环境保护设计，对环境保护设计的规范化起到了重要作用。

2004 年，交通部发布了《关于开展交通工程环境监理工作的通知》（交环发〔2004〕314 号），决定在交通行业内广泛开展工程环境监理工作，并作为工程监理的重要组成部分，纳入工程监理管理体系。2007 年，交通部发布了《关于在公路水运工程建设监理中增加施工安全监理和施工环保监理内容的通知》，要求在现有公路、水运工程监理组织体系框架下，将施工安全、环境保护融入监理职责。

2010 年，为规范公路建设项目竣工环境保护验收工作，环境保护部制定了《建设项目竣工环境保护验收技术规范　公路》（HJ 552—2010）。

2015 年 6 月，为加强对公路变更项目的管理，环境保护部在《关于加强公路规划和建设环境影响评价工作的通知》（环发〔2007〕184 号）的基础上，从规模、地点、生产工艺、环境保护措施等方面对高速公路项目重大变动进行了界定，制定了《高速公路建设项目重大变动清单（试行）》（环办〔2015〕52 号）。

2015 年 12 月，为进一步规范高速公路建设项目环境影响评价文件审批，统一管理尺度，环境保护部制定了《高速公路建设项目环境影响评价文件审批原则》（环办〔2015〕112 号）。

3.1.1.2　环境管理工作的成果

（1）通过加强路网规划环评，重点从源头上解决选址选线造成的环境问题。例如，在《国家公路网规划（2013—2030 年）》编制过程中，规划环评分别对 G16 翁牛特旗至锡林浩特段等 26 条线路、XZ01 丹东至东兴段等 14 条线路以及 XGY7 康定至叶城段 6 条线路提出了调整、避让与优化的要求。

（2）通过强化项目措施论证，在行业生态保护、污染防治和环境风险防范等方面成效明显。一是优化选址选线、采取局部调整线路走向、合理设置隧道和桥梁等方式，减缓对环境敏感区的影响；二是强化了维持生境连续性和野生动物保护的相关措施；三是对预测超标的敏感点采取搬迁、功能置换、设置声屏障和隔声窗等多种措施，强化噪声污染防治措施；四是关注环境风险，重视水环境保护，优化桥梁设计，减少涉水施工对水环境的影响，针对敏感水体或水源保护区路段，提出增设桥（路）面径流收集及事故池、防撞护栏以及加强防渗的要求，在隧道施工路段，提出加强对周围居民取水井监测的要求，切实保障居民用水安全。

3.1.1.3　存在的主要问题

（1）环评与工程设计结合不紧密

从预可行性研究阶段主要论证项目建设的必要性和经济可行性，工程可行性研究阶段主要研究路线走廊带的选择，初步设计阶段基本确定路线方案，到施工图设计出具体的设计图纸，需经过多次审查和修订，工程方案变更可能出现在任何一个环节中。由于公路工程设计（路线）方案的不断调整或优化，环境敏感点变化幅度往往较大，直接导致环境保护工程变更等情况出现。实际工作中，项目环评是针对设计资料的"一次环境影响评价"，缺乏跟踪管理和及时更新，削弱了环评对工程设计的指导作用。

（2）对环境保护设计重视程度不足

通过环境保护设计能够提出切实可行的措施和建议，最大限度地防止或减轻工程对环境的污染和对生态环境的破坏。但在实际工作中，一些业主和设计单位对环境保护措施实施及环境保护设计不够重视，常常出现环境保护措施执行不力、环境保护设计不到位的现象，致使公路建设项目环境保护工作受到影响。

（3）施工期环境影响基础资料不完整

公路建设项目施工期造成的环境影响是公路竣工环境保护验收调查的组成部分，但目前施工期环境监理过程中存在诸多弊端，如施工期环境监测数据、施工占地、开挖方、施工便道等对地表扰动情况的基础资料不完整，造成公路建设项目竣工环境保护验收调查中不能真实、准确地反映施工期的环境影响和环境保护措施落实情况。

（4）未形成环境监理专业化队伍

目前公路建设项目的环境监理工作多由工程监理单位兼职进行。在这种环境监理组织机构模式下，一方面，当工程与环境保护"冲突"时，多倾向于环境向工程让步，影响环境监理的执行；另一方面，一般的工程监理人员很难有效地承担并完成环境监理工作，近年来，在公路施工污染控制工程、声屏障工程、绿化工程等的施工中所出现的问题也反映了建立专业化环境监理队伍的迫切性。

3.1.2 铁路

3.1.2.1 环境管理政策

铁路行业环境保护工作发展至今，已形成了较为完备的环境政策体系。在环境管理文件方面，行业相关的有《关于加强铁路噪声污染防治的通知》（环发〔2001〕108 号）、《地面交通噪声污染防治技术政策》（环发〔2010〕7 号）、《关于印发环评管理中部分行业建设项目重大变动清单的通知》（环办〔2015〕52 号）、《铁路建设项目环境影响评价文件审批原则（试行）》（环办环评〔2016〕114 号）等管理要求；行业管理部门出台的环境保护相关管理文件有《关于发布〈铁路建设项目环境影响评价管理办法〉和〈铁路建设项目环境保护"三同时"管理办法〉的通知》（铁计〔1995〕84 号）、《中国铁路总公司建设项目环境影响评价工作管理暂行办法》（铁总计统〔2013〕183 号）、《关于严格执行建设项目环境保护三同时制度的通知》（铁计函〔2008〕971 号）、《铁路环境监测管理办法》（铁计〔1994〕154 号）、《铁路环境保护计划管理实施细则》（铁计〔1995〕158 号）、《铁路环境保护监察办法》（铁计〔1995〕112 号）、《关于要求各铁路局制定铁路机车（轨道车）在城区限制鸣笛办法的通知》（铁运函〔2004〕620 号）、《关于进一步加强建设项目环境保护全过程管理工作的通知》（铁计电〔2011〕101 号）等。

铁路行业贯彻生态文明理念，近年来行业内逐步建立了从勘察设计到初步设计审批、施工图审核、施工过程管理、竣工验收的全过程环境管理体系，各阶段有相应的管理和技术审核机构。

一是勘测阶段加强环境保护选线，设计院环境保护专业设计人员参与勘测辅助环境保护选线，环境保护专业主管总工程师作为专家组成员参与定测中间检查，从环境保护角度提出选线意见，尽可能绕避各类环境敏感区，从源头上减轻环境影响。

二是设计阶段总体设计原则中明确环境保护设计要求，环境影响评价文件批复后环境保护专业设计人员负责将环评及批复相关要求提供给项目总工程师及相关专业设计人员，按照分工由相关专业在设计中落实并将落实情况反馈给环境保护专业设计人员，环境保护专业设计人员将环境影响评价文件及批复要求落实情况纳入环境保护篇章，保障各阶段衔接，环境保护要求从路线图到施工图，落地可行。

三是多层把关，减少重大变动。初步设计和重大设计变更需经过中国国家铁路集团有限公司严格的审查及批复流程，重点关注重大变动梳理情况及环评批复环境保护措施的落实情况。对于构成重大变动且未履行变更环评手续项目的初步设计和重大设计变更，原则上不予批复，或重大变动路段不得开工建设；未完全落实环评批复要求的则完善后再进行批复。

四是由专门机构组织施工图审核单位，对施工图阶段的重大变动进行梳理并对环评批复措施在施工图设计中的落实情况进行核查，对于构成重大变动未履行变更环评手续的不得开工，未完全落实环评批复措施的，要求补充。部分铁路建设项目在原有设计咨询、施工图审核制度的基础上引入设计监理概念，设计监理单位提前至初步设计审查阶段介入，有利于加强对环境保护设计的有效监理。2017年出版的《高速铁路环境保护与水土保持工程技术管理手册》，可用于指导各铁路建设项目建设单位施工过程中的环境保护管理工作。

五是执行静态、动态验收制度。按照铁路行业建设项目管理程序，铁路工程建成后需要经过静态验收、动态验收、初验三个程序后方可投入运营。2012年，铁道部颁布《高速铁路竣工验收办法》，其中明确静态、动态验收增设环境保护和水土保持组。自2012年起，专业验收工作组由组长单位、（负责技术审核的）副组长单位和受邀专家组成，对建设单位编制的环境保护和水土保持静态、动态验收报告进行审查，静态验收通过后方可进入动态验收，动态验收通过后方可进入初验程序，建设单位、施工单位、监理单位、环境监理单位、水土保持监理监测单位均参加审查。原铁道部颁布的《高速铁路环境保护、水土保持设施竣工验收工作实施细则》中针对环境保护和水土保持静态、动态验收的通过条件及审查重点予以规定。审查重点针对环境保护和水土保持重大变动、环评及批复要求落实以及声屏障、隔声窗、污水处理、锅炉选型、桥面雨水收集等各项环境保护设施的建设完工情况，以及施工便道、取弃土场、施工营地的恢复移交情况进行检查。

3.1.2.2 环境管理工作的成果

（1）规划环评和项目环评联动成效初显

根据生态环境部环境工程评估中心数据库统计情况，"十二五"期间，共完成17项区域城际铁路建设规划等铁路规划环评的审查，结合线路走向及规模，从维护区域生态系统完整性和稳定性、协调与城镇生活空间布局关系的角度，论证线网规模、布局、敷设方式和重要站场的环境合理性，提出选址、选线及避让生态环境敏感目标和重要生态环境功能区等要求，明确生态环境保护的对策措施。同时，对审查过的规划环评中的建设项目进行审查时，认真核对规划环评及审查意见要求落实情况，加强规划环评与项目环评联动，依法将规划环评作为规划所包含项目环评文件审批的刚性约束。

（2）通过严格审批强化保护措施

从优化选址选线、避绕环境敏感区、强化噪声防护措施、改进工程设计、强化生态保护等多个方面强化了铁路建设项目的环境保护措施。例如，新建北京至沈阳铁路客运专线北京段五环内分布有大量的高层居民住宅、学校，经多次论证，最终建设单位将北京段起点由北京站调整至星火站，彻底解决了两车站间 12 km 约 7 万居民受噪声影响的问题。铁路噪声防治中，要求优先考虑声屏障措施，各敏感点处的声屏障的高度及延长量必须满足相关标准要求。在新建铁路成都至兰州中成都至川主寺（黄胜关）段工程时，要求将多处辅助坑道和弃渣场移出自然保护区。

（3）施工期环境监理常态化和规范化

在生态影响类建设项目所属行业中，铁路行业在事中事后环境监管方面具有其特色和亮点，尤其在施工期环境监理方面，先进经验丰富，走在各交通行业的前列。自 1994 年铁道部门在亚洲开发银行贷款项目京九铁路工程中首次委托第三方针对项目的建设期和试运营期进行环境监控，该项工作后续在神延、宝兰、赣龙、浙赣、大丽、太中银铁路等多个铁路建设项目中得以推广。随着建设项目环境监理试点工作的开展，铁路行业环境监理进入新阶段，铁路建设项目环境监理逐步常态化和规范化。在行业环境监理工作发展中涌现出一批如青藏铁路、京沪高铁、成兰铁路和渝黔铁路等重大铁路项目环境监理典型案例。

3.1.2.3 存在的主要问题

（1）项目与规划环评衔接仍不顺畅

目前的铁路规划环评中较成熟的是城际铁路网规划环评，其实际评价内容和要点要求仍然与建设项目环评中的部分专题评价有同等深度的内容交叉，在要素专题评价中，建设项目环评和规划环评的功能未能较好地协调发挥；同时，因所提要求较为原则，规划环评在前期选线选址中的作用未能更充分地显现，对建设项目环评的指导作用不足。

（2）环境保护选线偏重形式

在铁路工程设计与建设中，铁路选线是关系到全局的总体性工作，综合性强、牵涉面广、科学性高。在影响选线的各类客观因素中，除关注环境保护因素外，设计单位还需考虑线路的政治、经济、国防意义及其在路网中的作用，运输需求与所承担的客货运量及其性质，所采用的铁路主要技术标准及与邻线标准的协调，经行地区的地形、水文地质等自然条件等。此外，铁路建设与地方利益矛盾影响选线方案稳定性，为铁路从环境保护角度选线带来较大干扰。在建设项目线路环境比选中，往往因为工程、安全、地方意见等因素，推荐和选择的线址方案并非环境保护最优。

（3）隧道设计施工管理理念落后

与公路相比，铁路曲线大，受限因素较多，长大隧道数量多，比例大。据统计，我国已建和在建铁路山区段隧道占线长比为 60%～90%，长大隧道长度比例超过 50%。目前的环评管理中关于隧道的主要环境保护原则是优化选线和设计、控制辅助坑道设置数量、对隧道涌水采取"以堵为主、限量排放"控制，但执行力度并不理想。例如，大理至瑞丽铁路中大理至保山段实际施工中采取"以排为主、堵排结合"的施工方案，造成地下水漏失。近期的一些铁路施工现场环境监理中也发现同样的情况，虽然建设单位已预留每公里数千万元的隧道注浆堵水费用，但实际施工中每公里仅耗费不足 100 万元。

（4）验收和后续监管困难重重

梳理和总结制约铁路建设项目竣工环境保护验收的主要因素：一是降噪措施落实不到位；二是降噪措施落实标准不统一；三是声环境功能区达标的要求难实现；四是公众调查满意度较低或环境保护投诉较多，给铁路建设项目的后续监管带来了很大的困难。

3.1.3　港口

3.1.3.1　环境管理政策

港口行业经过多年环境管理实践，结合行业特点和环境管理需求，出台了相关环境管理政策，制定了一系列环境保护标准规范，对行业污染防治、生态保护和环境风险防范等起到了积极作用。

"十二五"以来，港口行业环境管理政策主要聚焦在粉尘和油气治理、港口码头和船舶水污染防治、水生生态保护、环境风险防范等方面，国家颁布的《大气污染防治行动计划》《水污染防治行动计划》及生态保护规划等环境保护政策文件均有相应要求。行业主管部门也针对性地出台了实施方案，如交通运输部于 2015 年发布了《船舶与港口污染防治专项行动实施方案（2015—2020 年）》，要求沿海、内河港口分别于 2017 年年底前和 2020 年年底前具备船舶含油污水、生活污水、化学品洗舱水和垃圾接收能力；发布了《珠三角、长三角、环渤海（京津冀）水域船舶排放控制区实施方案》《交通运输节能环保"十三五"发展规划》等，对主要港口大型煤炭和矿石码头堆场建设防风抑尘设施或实现封闭储存、船舶含油污水、化学品洗舱水岸上接收、船舶大气污染物控制、船舶岸电使用、水域生态保护要求、环境风险应急防范等提出了具体目标。

港口行业全过程环评管理政策逐步健全，全过程环评管理机制基本形成。一是继续推动规划环评管理，如发布了《关于进一步加强港口总体规划环境影响评价工作的通知》（环办〔2010〕38 号）等；二是为应对行业环评审批权限下放，统一环评审批尺度，发布《港口建设项目环境影响评价文件审批原则（试行）》（环办环评〔2018〕2号）；三是制定了《港口建设项目重大变动清单（试行）》（环办〔2015〕52号），加强对港口变更项目的管理。

为落实水运行业主要环境保护政策，根据措施或技术实施的迫切性，统一技术标准，交通运输部发布了行业相关环境保护技术规范。一是针对干散货码头粉尘控制，发布了《煤炭矿石码头粉尘控制设计规范》（JTS 156—2015）；二是为推动码头装船油气回收设施建设，发布了《码头油气回收设施建设技术规范（试行）》（JTS 196-12—2017）；三是为应对水上溢油环境风险，发布了《水上溢油环境风险评估技术导则》（JT/T 1143—2017）；四是为规范水运工程环境保护设计，发布了《水运工程环境保护设计规范》（JTS 149—2018）等专项设计规范。从实施情况看，发布的行业环境保护技术规范能够有针对性地指导相关环境保护设计或统一技术要求，推动行业环境保护设施建设和运行，提升行业环境保护水平。

3.1.3.2 环境管理工作的成果

（1）规划环评工作开展较好

全国沿海、内河港口基本按要求开展了港口总体规划环评，并按照主要港口、地区重要港口、一般港口分类由不同层级的生态环境主管部门进行审查，部分港区由于规划调整或涉及重要生态敏感区重新开展了港区规划环评工作。

通过加强水运行业规划环评，重点从源头上解决项目布局选址造成的环境问题。例如，《厦门港总体规划（修编）》经过规划环评后，取消了位于九仙顶景区的东山港区铜陵作业区、位于漳州滨海古火山口国家地质公园范围内的1.7 km岸段和距离云洞岩省级风景名胜区较近的西溪北岸东侧600 m岸线，并要求不得在紧邻保护区核心区的岸线进行炸礁、爆破等施工活动，禁止在保护区核心区进行航道疏浚、拓宽等整治工程，规划实施的环境影响将得到减缓。

（2）项目环评管理取得一定成效

通过加强项目环评管理，严格项目环境准入。一是对未开展规划环评的项目不予受理；二是对涉及自然保护区等法定禁止建设区域的项目不予批准；三是对于存在较大环境风险的项目不予批准。此外，通过强化项目措施论证，在行业生态保护、污染防治和环境风险防范等方面成效明显。一是重点关注港口岸线资源的合理利用，确保项目选址与近岸海域环境功能区划、水环境功能区划及生态功能区划相符；二是不断推动行业提升污染防治水平，落实干散货堆场密闭储存、原油成品油码头油气回收、岸电等环评管理要求；三是重视水生生态保护，对珍稀水生保护动物及其生境造成不利影响的，提出优化工程设计和施工方案，实施增殖放流、生境恢复、避让、监测和救助等措施；四是高度重视涉危化品码头海域溢油风险防范和陆域事故次生环境影响，大力提高环境风险预测的科学性和防范措施的有效性。为适应国际公约要求，对可能引起外来生物入侵风险的码头项目，积极推动建设岸上压载水接收处置设施。

3.1.3.3 存在的主要问题

（1）部分环境管理政策执行不到位

港口行业环境管理政策在实施过程中存在执行不到位的情况，主要是由于部分港口码头企业的环境保护意识不强，缺乏环境保护专业人员，现代化企业管理模式还未真正建立；地方港口主管部门环境管理机构不健全，港口行业协会（尚未成立环境保护分会）也未能充分发挥环境保护上的行业自律作用；事中事后监管环境机制不够完善，地方日常环境保护监督不力等，导致企业环境保护主体责任落实不到位。部分项目出现"未批先建""批小建大""偷梁换柱，规避审批"，擅自发生重大变更而不履行环境保护手续，主要环境保护措施不落实等违法违规行为，严重降低了环境管理政策效能。

（2）规划环评落地难，项目与规划环评衔接不够

一是港口建设规模突破规划环评要求。"十一五"以来，重点港口原油、煤炭、矿石等货物吞吐量增长较快，规划码头建成后吞吐量突破规划环评批复规模的情况较多，加大了区域环境压力。

二是港口规划环评审查意见难以得到有效落实。例如，盘锦港规划环评审查意见中要求将码头区与陆岸之间的引堤建成桥式连接，项目实施中实际建成了实堤，严重降低了海域水质交换能力。

三是项目与规划环评的有效联动受到影响。目前港口总体规划环评由生态环境部审查，而码头项目的环评审批权限主要下放至省级及以下生态环境部门，由于地方政府压力及专业水平等因素制约，项目环评与规划环评联动的有效性受到影响。

（3）环境保护主体责任落实不明确

水运行业环境管理机构设置覆盖面不全、管理制度不完善，部分省市水运行业管理部门未设置环境保护专业机构，市县基层港航管理部门环境保护职责不明晰，环境保护执行力不足。港口体制改革以后，部分港口逐步弱化了原有的环境保护机构，特别是地方中小型港口企业环境保护机构不健全，内部代管和兼管较多，缺乏环境保护专业人员，环境管理水平较低。

（4）地方环评审批水平参差不齐

港口行业建设项目环评审批权限下放后，多数项目由市级、区县级生态环境部门审批。港口行业专业性较强，不同类型的码头项目环境影响评价重点不同，评价、评估和审批人员均需要具备较丰富的行业和专业知识。通过对地方审批的港口建设项目开展技术复核的情况来看，部分市级、区县级批复的报告书中出现了项目规划符合性分析不足、干散货码头大气影响评价不全面、部分项目环境风险防范与应急措施论证不充分等问题。

3.1.4　煤炭

3.1.4.1　环境管理政策

2013 年 1 月 9 日，国家能源局、财政部、国土资源部、环境保护部印发了《煤矿充填开采工作指导意见》，提出"切实保护村庄、农田和地下水。在人口密集地区的村庄下采煤，经论证不宜搬迁村庄的，要采用充填开采方式，保障居民正常生产生活。在耕地特别是基本农田保护区下采煤，要做好规划和设计，确定充填开采区域衔接顺序，避免地表二次治理。在需要保水开采的区域，可采用充填开采方式，避免煤炭开采破坏地下水及含水层"。加强了对人口密集区、耕地资源集中区的保护，从源头上减缓了采煤沉陷对土地使用功能的影响，有效控制了居民搬迁规模从而避免引发社会问题。

2014 年 12 月 22 日，国家发展改革委、环境保护部等 7 部委联合印发了《煤矸石综合利用管理办法》，明确了禁止设置永久性煤矸石堆放场，对临时堆放场进行了规范，可有效控制矸石堆场占压大量土地资源，减缓矸石堆存引发的扬尘污染、淋溶液污染地下水和土壤环境等。

2016 年 2 月 4 日，国务院印发了《关于煤炭行业化解过剩产能实现脱困发展的意见》（国发〔2016〕7 号），明确要求有序退出在依法划定、需特别保护的相关环境敏感区的煤矿项目，为清理、关闭违法开采的煤矿项目提供了有力支持。

自 2005 年起，生态环境部大力推动矿区规划环评，将矿区规划环评的开展作为受理项目环评的前置条件，充分发挥了规划环评源头保护的作用。随着 2009 年《规划环境影响评价条例》的颁布实施，煤炭矿区规划环评得到进一步规范与完善。2015 年 12 月 30 日，环境保护部发布了《关于加强规划环境影响评价与建设项目环境影响评价联动工作的意见》（环发〔2015〕178 号），提出"矿产资源开发规划环评应结合区域资源环境特征，主体功能区规划和生态保护红线管理等要求，从维护生态系统完整性和稳定性的角度，明确禁止开发的红线区域和规划实施的关键性制约因素，提出优化矿产资源开发的布局、规模、开发方式、建设时序等建议，合理确定开发方案，明确预防和减缓不利环境影响的对策措施。各级环境保护部门在审批项目环评文件前，应认真分析项目涉及的规划及其环评情况，并将与规划环评结论及审查意见的符合性作为项目环评文件审批的重要依据"。

为应对行业环评审批权限下放，统一环评审批尺度，制定了《煤炭采选建设项目环境影响评价文件审批原则（试行）》（环办环评〔2016〕114号）。为加强对变更项目的管理，制定了《煤炭建设项目重大变动清单（试行）》（环办〔2015〕52号）。

3.1.4.2 环境管理工作的成果

（1）矿区规划环评充分发挥源头保护作用

我国煤炭规划矿区环境影响评价工作将环境保护目标（自然保护区、水源地、地表植被、村庄等地面建构筑物）、开发强度、布局（时序上的规划）等方面作为着力点，从环境保护角度对矿区规划进行优化调整，充分发挥矿区规划环评作用，减缓规划实施产生的环境影响。例如，陕北侏罗纪煤田榆神矿区三期规划区总体规划，其规划区涉及红石峡水源地、瑶镇水源地2个饮用水水源保护区和1个臭柏自然保护区。规划环评审查中，为最大程度减缓矿区开发对环境敏感区特别是水源地的影响，要求矿区规划的7处矿井其井田范围与自然保护区和水源地一级、二级保护区重叠区域全部禁采；并应避让红石峡水源地补给区，井田采煤导水裂缝切穿隔水层区禁止采煤；及时总结先期开采矿井的"保水采煤"实践经验，在未能有效控制地下水资源环境影响前，暂缓开发小壕兔一号、二号和郭家滩3座矿井。规划环评及审查意见提出的一系列禁采、暂缓开发等措施有效保护了饮用水水源保护区及自然保护区等敏感目标。

（2）项目环评审批严格环境准入，强化保护措施

通过严格落实规划环评及审查意见要求、对涉及重要敏感目标的井田范围实施禁采、推行"出煤不见煤、用水不排水、产煤不烧煤、排矸不提矸"等控制无组织排放的措施要求，强化环境保护。例如，环保部在批复小保当一号矿井的文件中严格落实矿区规划环评及审查意见的相关要求，明确提出：严格遵循"预测预报、有疑必探、先探后掘、先治后采"的原则，建立地下水保护和应急方案。要求该工程涉及红石峡饮用水水源地补给区的12盘区和22盘区开采时序推迟至51年后，在矿井开发过程中，应适时开展环境影响后评价，并根据工程充分采动

影响区地表沉陷和地下水实际影响情况，总结"保水采煤"实践经验，届时结合煤炭开采技术发展和饮用水水源保护区的保护要求，提出切实可行的 12 盘区和 22 盘区保护性开采方案。

（3）严格项目环境保护验收，确保措施落实效果

通过调阅环评及验收资料，对煤炭采选建设项目环境保护措施"三同时"制度执行情况进行了统计分析。验收中发现，污染防治措施落实较好。如五成以上项目矿井水处理后可全部综合利用，七成以上项目生活污水处理后可全部综合利用；2007 年之后批复的煤矿项目矿井水综合利用率更高，生活污水可做到全部回用。配套建设了选煤厂的项目可全部做到煤泥水闭路循环，不外排。无组织排放得到有效控制，近七成项目原煤、产品煤采用筒仓、落煤塔等全封闭式储存。近一半项目的掘进矸石充填井下，四成项目洗选矸石用于发电和制砖，有效地减少了矸石地面堆存。

3.1.4.3　存在的主要问题

（1）生态保护政策不完善

煤炭开采不可避免地破坏生态环境，尤其是露天开采的地表大剥离对矿区地表植被造成永久性破坏，小煤矿的"掠夺式"开采也留下了生态恢复的巨大包袱。虽然在煤炭建设项目的环境管理中要求企业落实"边开采、边恢复"的生态保护措施，但大部分煤矿存在生态恢复滞后、生态恢复效果不佳等问题。山西、内蒙古、陕西等产煤大省开展了生态补偿机制的相关试点工作，但是未取得较好的效果与推广经验。目前，我国尚未建立煤矿生态恢复、生态破坏的赔偿及异地补偿等政策，难以适应新形势下的环境保护要求。

（2）事中事后监管仍然薄弱

随着近年来环评制度改革工作的实施，煤炭建设项目环境管理重审批、轻监管的现象初步得到缓解，但仍存在较多问题，如环境监理、后评价管理尚未有效发挥作用等。

我国大中型煤炭建设项目自 2010 年以来基本开展了环境监理工作。在环境监理工作中出现了以下问题：一是重形式、轻内容，部分项目未能及时、认真开展监理工作，甚至部分项目存在补办环境监理报告的现象；二是环境监理的各方责任仍不明确，尚未建立信息公开、报送制度；三是各地环境监理的发展不均衡，部分省份出现环境监理范围扩大化等问题；四是开展监理的项目不重视监理单位提出的整改要求，监理发挥的作用有限。究其原因，主要是缺乏法律支撑，未能建立起完善的环境监理制度，未形成有效的管理方法。

在竣工环境保护验收阶段，生态影响、地下水破坏尚未显现或是充分显现，相应的生态恢复措施也未实施，无法评估措施实施的效果，对企业的生态保护的监管存在盲区。根据验收情况统计来看，一是项目变更普遍，主要集中在矿井水及生活污水处理工艺及规模、供热方式及锅炉规模、储煤方式、排矸场位置及选煤工艺变化等；二是井工矿地表岩移、地下水跟踪观测措施的落实有待加强。

随着《建设项目环境影响后评价管理办法（暂行）》的实施，部分煤矿项目开始开展后评价工作，但相关管理程序尚不清晰，技术导则、技术规范文件也未颁布实施，环境影响后评价管理起到的监管效果十分有限。

（3）闭矿环境管理缺失

我国东部地区煤炭资源开发较早，部分矿区陆续服务期满，闭矿后形成较大面积的沉陷区及露天采掘坑，其生态恢复与重建工作相对滞后。尤其是小煤矿掠夺式开采后抛下生态恢复的重大包袱，部分企业未能承担起应有的环境保护与社会责任。目前，煤炭建设项目闭矿期的环境管理处于真空状态，相关管理制度尚未建立。

（4）项目环评管理水平参差不齐

从对地方审批的煤炭建设项目开展技术复核的情况来看，有超过七成的项目未提及矿区总体规划及规划环境影响评价开展情况，也未分析项目与规划环境影响评价的符合性；未批先建或擅自重大变更项目占到 1/3；此外，还有少数项目涉及自然保护区核心区、缓冲区或实验区，不符合《自然保护区条例》相关规定，地方环评管理水平有待提高。

3.2　典型行业环境保护事中事后监管内容

目前，生态影响类建设项目事中监管的主要形式是施工期环境监理以及竣工环境保护验收审查和现场检查。在项目投入运行后几乎没有监管行为。极少数项目按照批复及批复的环境影响评价文件要求开展了环境影响后评价，但对后评价情况并未实施监管。本节重点梳理了公路、铁路、港口、煤炭建设项目施工期和运营期的环境监管内容，总结提出了后评价指标体系，为制订后评价指南提供技术支持。

3.2.1　公路

通过对上海至瑞丽国道主干线（贵州境）三穗至凯里高速公路、省际通道包头至树林召公路、海南省琼中至乐东高速公路（琼中至五指山段）、内蒙古自治区省道203线乌兰浩特至零点公路、雷神店至崇溪河高速公路等项目的施工期环境监理，广梧高速公路河口至平台段（含封开连接线）、京昆高速公路山西省界平定至阳曲段、九江长江大桥、松原至石头井子高速公路、杭州湾跨海大桥等项目的竣工环境保护验收调查，以及桂林至柳州高速公路、G4 湘潭至耒阳高速公路环境影响后评价等典型案例的梳理，总结公路建设项目施工期和运营期的主要监管内容如下。

3.2.1.1　施工期

重点关注对生态、水环境和声环境的影响。生态影响包括：（永久/临时）占地情况、土石方开挖及运输、取土场和弃土（渣）场选址、施工场地、拌和站、预制场等临时工程选址、自然保护区、饮用水水源保护区、风景名胜区等环境敏感区情况以及在环境敏感区的施工行为环境保护措施落实情况；水环境影响包括：施工营地生活污水、施工场地生产废水（尤其是桥梁、隧道施工的含油废水）排放量及去向、预制场和混凝土搅拌站等施工场地与附近水体位置关系、桥梁涉水工程施工环境保护措施情况；声环境影响包括：结合工程类型（如路基工程、桥涵工程、隧道工程）核实噪声污染源，对周边环境敏感目标的影响；环境空气影响包括：施工中拌和站等施工场地选址、施工材料装卸运输等过程中的扬尘、料场和施工便道的扬尘。

3.2.1.2　运营期

重点关注生态恢复效果、阻隔影响、水环境风险、声环境影响和主要环境保护措施的有效性。生态影响包括：工程建设对动植物的影响、涉及保护陆生和水生动物的迁徙通道设置情况及效果、涉及保护植物的保护措施情况及效果、与生态敏感区的位置关系和采取的保护措施情况；水环境影响包括：沿线服务设施污水处理率和达标排放情况、涉及饮用水水源保护区和保护措施情况、涉水路段环境风险防范措施及应急情况；声环境影响包括：声环境敏感点分布情况、降噪措施实施情况及效果；大气和固体废物影响包括：污染物的排放浓度及收集处理率等。

以客观性、全面性、代表性、可比性、可行性为原则，针对环境保护措施的有效性以及生态、声环境、水环境等研究提出公路建设项目环境影响后评价指标体系（见表 3-1 至表 3-4）。

表 3-1　公路建设项目环境保护措施有效性评价指标体系

时　期	环境要素	环境保护措施有效性评价指标	达标分析/指标评分
运营期	生态	取弃土场植被恢复措施	植被覆盖度
		边坡绿化工程措施	植被覆盖度
		动物通道设施	利用效果
	水环境	桥面径流收集装置效果	处理能力（t）、装配长度（m）
		服务区污水处理设施装配率	装配比例（%）
		服务区污水处理设施净化效果	处理效率（%）
	声环境	声屏障防护效果	实际噪声减少量[dB（A）]
	景观	互通景观设计效果	定性
		服务区景观设计效果	定性

表 3-2　公路建设项目生态影响后评价指标体系

一级指标	二级指标	三级指标
生态影响	植被影响度	扰动植被总面积
		植被覆盖变化率
		建设用地面积变化率
		裸地变化率
		临时用地植被存活率
	生态系统结构干扰度	景观多样性指数变化率
		景观优势度变化率
		景观聚集度指数变化率
		景观连接度指数变化率
	生态系统功能影响度	平均 NDVI（归一化植被指数）减少率
		公路影响区生境维持功能变化率

表 3-3　公路建设项目声环境影响后评价指标体系

一级指标	二级指标	三级指标
声环境影响	敏感点声环境达标率	每公里敏感目标数量
		营运期敏感目标变化率
		敏感目标达标率
	声环境保护工程有效率	噪声防护工程长度占公路总长度比例
		噪声防护工程有效率

表 3-4　公路建设项目水环境影响后评价指标体系

一级指标	二级指标	三级指标
水环境影响	地表水系阻隔度	公路影响域内水系长度
		公路与地表水系交叉点数量
	路面径流处理度	路面径流收集装置管线长度占路线总长度比例
		路面径流收集装置处理效率
	附属设施污水处理度	服务区日均客流量
		服务区日均污水排放量
		附属设施污水处理设施装配率
		附属设施污水处理设施处理效率

一级指标	二级指标	三级指标
水环境影响	化学品事故率	年均化学品运输车辆占总车流量比例
		单位公路长度运送化学品量（t/km）
		年均化学品运输事故占总事故比例
	公路水环境敏感度	沿线水环境敏感区面积占总面积比例
		穿越水环境敏感区路段长度占路线总长度比例

3.2.2 铁路

通过对青藏铁路、京沪高铁、成兰铁路、渝黔铁路、川藏铁路拉萨至林芝段和怀化至邵阳至衡阳铁路等建设项目施工期环境监理，新建铁路郑州至西安客运专线、改建铁路沪杭线电气化改造工程等项目竣工环境保护验收调查，以及青藏铁路格尔木至拉萨段环境影响后评价等典型案例的梳理，总结铁路建设项目施工期和运营期的主要监管内容如下。

3.2.2.1 施工期

重点关注对生态、水环境和声环境的影响。生态影响包括：（永久/临时）占地情况、土石方开挖及运输、取土场和弃土（渣）场选址、自然保护区和风景名胜区等环境敏感区情况以及在自然保护区内的施工行为环境保护措施落实情况；水环境影响包括：施工营地生活污水、施工场地生产废水（尤其是桥梁、隧道施工的含油废水）来源及去向、建筑材料堆料场和混凝土搅拌站等施工场地与附近水体位置关系、桥梁涉水工程施工情况；噪声和振动影响包括：结合工程类型（如路基工程、桥涵工程、站场工程、隧道工程）核实噪声和振动污染源；环境空气影响包括：施工中拌和站等施工场地选址、施工材料装卸运输等过程中的扬尘、散料储料场和施工便道等的扬尘。

3.2.2.2　运营期

重点关注生态恢复效果、阻隔影响、水环境风险和主要环境保护措施的有效性。生态影响包括：工程建设对动植物的影响、占地类型（土地实际利用情况）及比例、涉及陆生和水生保护动物的迁徙通道设置情况及效果；水环境影响包括：沿线站所污水处理率和达标排放情况、涉及饮用水水源保护区和排污情况、涉水站段环境风险防范措施及应急情况；大气和固体废物影响包括：污染物的排放浓度及收集处理率等。

铁路建设项目环境影响后评价指标体系基本可参考公路建设项目，相应增加振动影响后评价指标。

3.2.3　港口

通过对镇江港龙门港区船港物流码头工程、黄骅港散货港区矿石码头一期工程、惠州港荃湾港区煤炭码头一期工程、南京港西坝港区西坝作业区五期工程、洋山深水港区三期工程（二阶段）等项目施工期环境监理，镇江港大港港区四期工程、台泥（英德）水泥有限公司水泥配套专用码头工程、福建泰山石化码头仓储工程、惠州港国际集装箱码头工程、青岛港董家口港区原油码头、洋山深水港区三期工程（二阶段）、浙江省引进液化天然气（LNG）及应用工程项目接收站及港口工程（一期）、黄骅港散货港区矿石码头一期工程等项目竣工环境保护验收调查，以及上海国际航运中心洋山深水港区一期、二期、三期工程和粤海小虎石化库 2 号泊位改造工程环境影响后评价等典型案例的梳理，总结港口建设项目施工期和运营期的主要监管内容如下。

3.2.3.1　施工期

重点关注码头疏浚和水工建（构）筑施工对水生生态的干扰和影响、施工期水生生态保护措施的落实情况及其生态恢复效果、施工扬尘对大气环境的影响及控制措施等。

3.2.3.2 运营期

重点关注生态恢复效果、主要保护措施落实情况及有效性。生态影响包括：码头作业及船运对水生生物栖息生境和行为的影响，栖息地恢复情况，自然保护区等环境敏感区情况以及在自然保护区内的环境保护措施落实情况，水生生态观测或监测的实施情况，生态保护措施的有效性等；水环境影响包括：码头作业及船运对饮用水水源保护区、集中式水源地、居民水源的水质影响，初期雨水、生活污水、冲洗箱水等污水处理设施的落实情况及有效性，水环境风险管控措施的落实情况及有效性等；环境空气影响包括：堆场及货物装卸、储运各环节的抑尘措施及无组织排放达标情况，油气回收装置运行达标情况及 VOC 无组织达标排放情况，锅炉烟气治理措施、污染物达标排放与排放总量；声环境影响包括：低噪声设备选取情况、主要噪声源源强及主要降噪措施落实情况，各场地厂界噪声及敏感点噪声达标情况；固体废物影响包括：生活垃圾、污水处理站污泥等是否得到了妥善收集和处置情况。

在港口建设项目环境影响后评价指标体系的建立中，我们结合港口环境绩效评估相关研究成果，选取了环境质量、环境污染控制和环境管理制度与能力建设3 大类指标以及 18 个具体指标（见表 3-5）。

表 3-5　港口建设项目环境影响后评价指标体系

序号	指标体系		分级标准			
	一级指标	二级指标	优	良	中	差
1	环境质量	水环境质量	达到国家和地方标准	—	—	未达标
2		环境空气质量	达到国家和地方标准	—	—	未达标
3		噪声达标区覆盖率/%	100	95	80	<80
4		港区绿化覆盖率/%	20	15	10	<10

序号	指标体系		分级标准			
	一级指标	二级指标	优	良	中	差
5	环境污染控制	主要污染物排放强度	达到国家和地方标准	—	—	未达标
6		区域环境噪声平均值/dB	55	57	60	>60
7		交通干线噪声平均值/dB	55	57	60	>60
8		生活污水集中处理率/%	95	85	70	<70
9		生活垃圾无害化处理率/%	95	90	85	<85
10		危险废物处置率	达到100%	—	—	未达到100%
11	环境管理制度与能力建设	环境管理组织与制度建设	机构设置合理健全，管理制度完善	机构设置比较健全，管理制度比较完善	机构相对松散	缺少管理制度与管理组织
12		港口码头应急能力建设	95	80	75	<75
13		环境保护投资指数	2	1.7	1	<1
14		信息平台建设的完善程度	完善	完成大部分	建设中	未建设
15		规模化企业通过ISO 14001认证率/%	30	25	20	<20
16		"三同时"和环境影响评价制度执行率	达到100%	—	—	未达到100%
17		港口员工环境培训教育	经常对员工进行培训教育	定期对员工进行培训（一年不少于一次）	有过环境培训教育	未对员工进行培训
18		公众对港口环境满意率/%	98	95	90	<90

3.2.4　煤炭

通过对哈密大南湖一号矿井、敏东第一煤矿、麻家梁煤矿、贵州林华煤矿、尔林兔煤矿等煤炭采掘建设项目施工期环境监理，常村煤矿、贵州五轮山煤矿、孟津煤矿、金鸡滩煤矿、帐篷沟煤矿、平朔东露天煤矿、郭家河煤矿竣工环境保护验收调查，以及红柳林煤矿、刘庄煤矿、柠条塔煤矿环境影响后评价等典型案例的梳理，总结煤炭采掘建设项目施工期和运营期的主要监管内容如下。

3.2.4.1 施工期

重点关注临时占地对生态环境造成的影响及生态恢复效果、声环境影响、掘进矸石处置与综合利用情况等。

3.2.4.2 运营期

重点关注生态恢复效果、主要保护措施落实情况及有效性。生态影响包括：采煤对动植物、地形地貌、土地利用类型的影响，涉及自然保护区、饮用水水源保护区等敏感目标的保护措施及村庄保护措施落实情况，井工开采沉陷区和露天开采的外排土场、采掘场生态恢复方案的制定、已实施的生态恢复措施及效果，井工矿地表岩移跟踪观测系统的建立与监测情况、地面建（构）筑物的保护措施，露天矿排土计划；水环境影响包括：饮用水水源保护区、集中式水源地、居民水源的保护措施及效果，采煤是否对地下水各含水层结构造成破坏，尤其是对具有供水意义的含水层的影响，是否对居民水源造成影响，供水预案制订与落实情况；矿井水、生活污水处理设施的建设与达标排放，矿井水、生活污水处理后综合利用情况，煤泥水闭路循环保障措施；环境空气影响包括：原煤、产品煤储装运各环节的抑尘措施及无组织排放达标情况，锅炉烟气治理措施、污染物达标排放与排放总量；声环境影响包括：低噪声设备选取情况、主要噪声源强及主要隔声降噪措施落实情况，各场地厂界噪声及敏感点噪声达标情况；固体废物影响包括：煤矸石处置与综合利用措施落实情况，矸石场生态恢复情况及效果，锅炉灰渣、生活垃圾、污水处理站污泥等是否得到了妥善收集和处置情况。

根据相关研究成果，煤炭建设项目环境影响后评价指标体系划分如下：一级指标可分为环境质量影响、生态影响、措施有效性评价、验证性评价、环境管理和监测等，二级、三级指标根据内容进行细分（见表3-6）。

表 3-6　煤炭建设项目环境影响后评价指标体系

一级指标	二级指标	三级指标
环境质量影响	地下水	pH、高锰酸盐指数、氨氮、氟化物、氰化物、挥发酚、亚硝酸盐氮、硝酸盐氮、溶解性总固体、总砷、总汞、镉、铅……
	地表水	pH、COD、BOD_5、挥发酚、溶解氧、悬浮物、石油类……
	大气	二氧化硫、氮氧化物、TSP、PM_{10}、$PM_{2.5}$……
	声环境	L_{Aeq}、L_{10}、L_{50}、L_{90}……
	土壤	pH、有机质、电导率、全氮、有效磷、重金属元素……
生态影响	生态完整性	生态系统结构、净第一性生产力、自然系统的稳定性
	生态系统多样性	植被群落类型、植被现状、多样性指数……
	生态系统变化	土地利用类型、NDVI（归一化植被指数）、顶极群落相近度……
	景观生态系统	斑块密度、最大斑块指数……
	水土保持	土壤类型、土壤侵蚀类型、侵蚀面积变化、盐渍化、沙化
	排土场生态系统	复垦及绿化面积、覆盖度、群落结构、物种组成……
措施有效性评价	污染防治措施	水、大气、噪声等污染防治效果
	生态恢复措施	临时占地、采煤沉陷、排矸场、内外排场等生态恢复效果
验证性评价	预测结果	与实际影响的偏差
	评价结论	原评价结论的符合性
环境管理和监测	环境管理	环境影响评价、"三同时"等环境管理制度执行情况
	环境监测	环境监测计划执行情况

3.3　典型项目环境保护事中事后监管实践

3.3.1　青藏铁路

3.3.1.1　施工期环境管理

（1）"四位一体"环境管理体系

青藏铁路建设过程中，创造性地建立了"四位一体"的环境保护管理体系，即由青藏铁路建设总指挥部（以下简称"青藏总指"）统一组织领导，施工单位具体落实并承担责任，工程监理单位负责环境保护工作日常监理，环境保护监理单位对施工单位和工程监理单位的环境保护工作质量实施全面监控。"青藏总指"委托第三方负责对全线环境保护进行全过程监控，率先在国内铁路建设中实施环境保护监理制度。"四位一体"环境保护管理体系的建立，创新了铁路建设项目环境保护管理模式，从管理体系上为青藏铁路建设环境保护提供了基础保障。

（2）创新环境保护管理制度

"青藏总指"建立了符合青藏高原环境特点的环境保护管理办法和制度。主要有《青藏铁路建设施工期环境保护管理办法》《青藏铁路建设监理管理办法》《青藏铁路建设优质样板工程评选办法》等；建立了环境保护工作记录制度、环境保护措施审查制度、临时工程核对优化制度、期中环境保护质量评价制度、环境保护验收制度等一整套较完善的、规范的环境保护管理制度，严格管理、按章办事，分阶段、有重点地实施了全过程控制，实现了对施工沿线环境保护工作的全面系统管理，做到了规范化、制度化和程序化，从而保证了环境保护工作的成效。

（3）创新环境保护管理措施

①制订强制性环境保护措施。"青藏总指"在环评报告及批复意见基础上，制订了《青藏铁路施工期环境保护措施》，对青藏铁路施工准备阶段、施工期和竣工阶段环境保护工作提出具体要求，为青藏铁路建设中的强制性环境保护措施。同时根据各项工程的环境保护具体技术要求，还制订了专门的环境保护措施，如《线下工程施工环境保护措施要求》《站后工程施工环境保护措施要求》《临时工程生态环境恢复技术要求》等。为实现环境保护工作目标，调动参建各方环境保护工作积极性，奖优罚劣，"青藏总指"还将环境保护工作纳入《青藏铁路建设奖励管理规定》中的"创优质样板工程奖"及"建功立业劳动竞赛奖"评定范围，对优质样板工程实行环境保护一票否决。对环境保护工作较差的单位，"青藏总指"视其程度进行通报，对施工中破坏环境的行为或环境恢复不及时的，监理根据其程度估列环境恢复费用，"青藏总指"在季度验工计价中予以扣除，用于安排其他单位进行恢复。强制性环境保护措施的制订和落实为环境保护目标的实现提

供了有力保障。

②实施全过程控制。"青藏总指"在项目实施的每个阶段都制订了相应的环境保护措施，并严格予以执行，严格落实阶段性目标。施工准备阶段，严格审查施工组织设计中的环境保护方案，进行环境保护技术交流，严格管理临时工程，确保临时工程合理设置、环境保护措施方案合理、环境保护措施有效。施工实施阶段，建立监督检查制度，各项环境保护措施融入施工组织管理。工程单位、环境保护监理单位加强对施工全过程环境保护监督管理，狠抓制度兑现和落实，确保施工行为、施工工艺对环境影响最低。工程监理单位在每月的工程监理月报中必须对各施工单位的环境保护效果进行评价。环境保护监理单位定期或不定期地对施工单位各工点环境保护措施落实情况进行检查，对存在的问题下发《环境保护监理通知书》，并对整改情况实施监督检查。"青藏总指"不定期组织对沿线工点环境保护情况及落实《环境保护监理通知书》情况进行检查，对已经出现或潜在的环境保护问题，及时下发通知，督促责任单位做出整改或加强防范，利用《监理简报》向全线通报环境保护突出的问题，推广环境保护先进经验和好的做法；同时委托具有相应监测资质的机构对沿线江河水质、水土流失以及野生动物进行监测，为评价和改进施工中的环境保护和水土保持工作提供依据。施工收尾阶段，组织全线环境保护的内部验收，对环境保护工作质量进行全面评定。按照环境影响报告书、水土保持方案及批复要求，对环境保护设施和环境恢复情况进行质量验收，对不合格的提出整改意见，并监督落实。

③实现环境管理的 PDCA 循环。"青藏总指"吸收了环境管理体系中 PDCA 运行模式的思想精华，通过规划（plan）、实施（do）、检查（check）、改进（action）的不断循环，持续改进管理措施，如在对 2002 年度环境保护管理质量总结、评价的基础上，2003 年年初重新修订了《青藏铁路建设施工期环境保护管理办法》，进一步明确了沿线的自然保护区、地表植被、珍稀野生动物、冻土环境、湿地、原始地貌景观、河流源头水质、地表土壤及水土保持功能为铁路建设中环境保护的重点对象；界定了环境保护监理的职责、工作范围及与施工单位、监理单位之

间的相互关系；进一步加大了环境保护工作的奖惩力度。随着不同阶段建设任务的变化，环境保护工作的重点也随之变化。每年开工之初，在总结、分析和评价过去环境保护工作效果的基础上，依照当年的建设任务研究制订年度环境保护工作目标，明确工作要点，部署落实措施。从而实现了环境保护管理控制的 PDCA循环，不断提升环境保护管理水平和环境保护工程质量。

（4）环境保护监理制度创新

青藏铁路环境保护监理历时 5 年，受"青藏总指"委托，环境保护监理单位根据国家和青海省、西藏自治区环境保护方面的法律、法规的规定，以及环境监理合同规定的职责和权利、监理范围和工作内容，参与和组织编写了环境保护监理指南和环境保护监理实施细则，探索环境保护监理工作方法和环境保护管理体系，组织开展环境保护培训，协助施工单位落实施工期各项环境保护措施，为加强青藏铁路建设中的环境保护，提高施工人员的环境保护意识，规范施工行为做了大量的工作，取得了突出的成果。

①明确环境保护监理的任务职责。青藏铁路施工期环境保护监理通过吸收借鉴既有铁路建设工程监理的经验以及京九线等国际金融组织贷款项目的施工期环境管理工作的实践，在国内铁路建设项目中首次明确了环境保护监理的任务职责。青藏铁路环境保护监理的职责主要是对施工单位的环境保护工作质量、施工监理单位的环境保护监理效果和监理质量进行监理和评价，对施工单位不符合环境保护条款的行为提出书面整改意见，限期整治并追踪检查；控制施工活动行为和生活行为，落实工程设计提出的环境保护项目，监督施工过程污染防护措施；参与临时工程优化选址和植被保护措施的制订。

②明确环境保护监理的工作内容。青藏铁路施工期环境保护监理以生态保护和污染物控制两方面内容为主。生态保护以沿线地表植被、珍稀野生动物、湿地、原始景观地貌、河流源头水质、地表土壤及水土保持功能为重点对象，包括自然保护区、野生动物及生物多样性、水土保持、不良地质及特殊地质、大临工程、景观保护等方面的内容。污染物控制包括水、气、声及固体废物等方面。根据不

同施工阶段，环境保护监理工作内容有不同的侧重。施工准备阶段重点核实施工合同文件中有关环境保护条款，施工营地、建设用地环境保护措施落实情况；施工期除了对建设项目的环境保护设施情况落实进行检查外，更要对施工行为对生态环境造成的影响进行控制。竣工收尾阶段主要对临时工程恢复移交、环境保护工程、生物措施、野生动物通道落实情况进行监理。

③制订环境保护监理相关制度和工作方式。青藏铁路环境保护监理认真研究和分析了青藏铁路工程特点及所面临的特殊生态环境问题，根据"预防为主，开发与保护并重"原则，参照工程建设管理要求和环境保护规定，在"青藏总指"的指导下，形成了一系列的环境保护监理制度。主要包括环境保护监理会议制度、监理报告制度、监理档案管理制度、环境保护措施审查制度。青藏铁路环境保护监理主要以日常现场检查为主，采取文件核对与现场检查相结合的工作方式，辅以工程监理的现场监督。对每个标段都列出详尽工作计划，对工程重点、环境敏感点重点检查。每月、每季度完成环境保护监理月报、季报，上报"青藏总指"，对检查中做得好的工点予以肯定；对其发现的环境问题以及"青藏总指"、工程监理单位和其他有关单位发现和提出的环境问题，下发《环境保护监理通知书》或《环境保护监理备忘录》，及时督促施工单位进行整改和追踪检查。

④开展施工期环境保护培训。为提高施工人员的环境保护意识、规范施工行为，结合青藏铁路施工过程中的实际情况，青藏铁路环境保护监理站根据唐北段、唐南段及站后工程的不同特点，分别编制了培训教材，不断完善培训内容，分别就环境保护法律法规体系，青藏铁路建设面临的特殊环境问题，党和国家对建设高原一流生态环境保护型铁路的要求，施工期环境管理、环境保护审批程序、环境保护验收程序、施工期环境保护措施和环境恢复等方面知识，开展对全线和各施工单位、重点工点的大规模、广泛的环境保护培训。通过强化施工和监理单位人员培训，使参建人员了解青藏高原生态环境的脆弱性、敏感性和特殊性；增强了参建人员在修建青藏铁路中环境保护的责任感、使命感，熟悉了施工过程中必须采取的环境保护措施和注意事项，更好地规范了施工行为。

3.3.1.2 竣工环境保护验收

（1）内部环境保护验收

为确保青藏铁路环境保护措施（设施）全面落实、如期完成项目的竣工环境保护验收，在原铁道部的领导下，"青藏总指"首次组织在国内铁路建设项目中开展内部环境保护验收，并出台了《青藏铁路格拉段工程环境保护验收标准和方案（内部）》和《青藏铁路格拉段工程环境保护验收工作计划及要求》等一系列文件规定。按验收标准要求，对全线的环境保护措施逐项逐点进行了对照检查，对存在的问题及时组织开展了整改。

（2）竣工环境保护验收

2006 年 5 月，青藏铁路格拉段竣工环境保护验收正式启动，国家环境保护总局环境工程评估中心会同中国铁道科学研究院、中国科学院生态环境研究中心共同进行该项目竣工环境保护验收调查工作。调查单位收集和研阅了青藏铁路的各类资料，对受铁路建设影响的生态恢复和保护状况、野生动物保护情况、水土保护情况、工程环境保护措施的执行情况等方面进行了重点调查。同时，对铁路沿线距离较近的部分环境敏感点（村镇、学校等）和其他环境敏感目标进行了核查，并委托相关机构重点对动物通道、地表水、声环境、环境振动、大气环境等进行了现状观测与监测；认真听取了沿线各地方环境保护局、自然保护区主管部门和人民群众的意见，进行了公众意见调查。在此基础上，编制完成了《新建铁路青藏铁路格尔木至拉萨段工程竣工环境保护验收调查报告》。

2007 年 5 月 30 日—6 月 1 日，国家环境保护总局会同铁道部组织青海省环境保护局、西藏自治区环境保护局等单位对新建铁路青藏铁路格尔木至拉萨段工程进行了环境保护验收。经认真讨论，验收组认为：青藏铁路格尔木至拉萨段工程严格执行了环境影响评价制度和环境保护"三同时"制度，有效落实了环境影响报告书及其批复文件提出的生态保护和污染防治措施和要求。在中国铁路工程建设史上首次引入环境监理制度并建立了"四位一体"的环境保护管理模式；首次为野生动物大规模修建迁徙通道；首次成功在青藏高原进行了植被恢复与再造科学试验并在工程中实施；首次与铁路所经省区签订环境保护责任书。有效地保护了铁路沿线野生动物迁徙条件、高原高寒植被、湿地生态系统、多年冻土环境、江河源水质和铁路两侧的自然景观，实现了工程建设与自然环境的和谐。青藏铁路在环境管理制度、环境保护科研攻关、施工期环境保护等方面实施了一系列创新，青藏铁路建设中的环境保护工作居国内重点工程领先水平，在全国重点建设项目中具有示范意义。青藏铁路公司建立了完整的环境保护管理组织机构和管理体系，制订了运营期环境保护管理办法，编制了危险货物运输事故应急救援预案，确保了铁路运营以来环境保护工作的顺利开展。

3.3.1.3　运营期环境管理

（1）建立环境管理制度

为保持青藏铁路施工期的环境保护成果，青藏铁路建成投入运营后，青藏铁路公司开展了一系列的周密组织和准备，组织开展了青藏铁路运营期环境保护研究，构建了运营期环境保护管理体系，并以《青藏铁路格尔木至拉萨段运营期环境保护管理实施办法》（以下简称《办法》）的文件形式下发执行。《办法》从机构与职责、生态保护、水污染防治、固体废物污染防治、噪声及大气污染防治、环境监测、宣传与培训、文件管理与信息交流、环境统计、奖励与惩罚等角度规范运营期运营单位的环境保护管理，确保青藏铁路的长期运营不会对高原的生态环境产生明显的影响和破坏。

（2）落实环境监测计划

青藏铁路公司的前身是西宁铁路分局，该公司具有多年运营环境管理经验，各单位均配备专（兼）职环境保护人员，具备比较完善的环境管理机构、人员及监测能力。公司下设环境保护办公室、环境监测站，有专门人员负责对全公司范围内运营单位的环境保护设施进行日常内部监督检查、监测。对发现的问题，公司环境保护管理部门会及时提出整改要求。青藏铁路公司按照环评报告要求将监测内容落实在编制的《办法》中，在运营期的环境管理中加以实施。运营期环境监测内容主要包括污水水质监测、固体废物监测和动物通道效果观察。

为适时了解青藏铁路运营期环境保护现状，青藏铁路公司在开通运营后，组织安排了青藏铁路运营环境监控系统研究，对野生动物适应性、植被、污水、风沙、冻土进行监测和监控，根据监测结果随时采取措施。

（3）环境应急防范

为确保国家和人民生命财产安全和铁路危险货物运输安全，有效防止突发性危险货物运输事故污染环境，使危险货物运输事故发生后能得到有效控制和施救处理，青藏铁路公司结合危险货物运输实际情况，制订下发了《青藏铁路公司危险货物运输事故应急救援预案》，对运输的物品、应急救援指挥机构及职责、应急救援装备及通信方式、事故应急救援程序、防止事故发生的措施、事故的处理等内容进行了详细规定，以便在发生各类危险货物运输事故时采取正确的处理方法和应急行动，避免事故的扩大，最大限度地减少人员伤亡、财产损失和环境破坏。

3.3.1.4　环境影响后评价

2011—2012 年，青藏铁路格尔木至拉萨段开展了环境影响后评价工作。青藏铁路格拉段工程环境影响后评价是对原环评工作的一种验证和补充手段，通过后评价可以纠正前期不足，也可以发现当初难以预见或遗漏的一些环境问题，并结合铁路运营状况提出更加合理、实用、有效的环境保护措施和对策。同时，准确回答竣工环境保护验收时遗留的问题。

针对铁路建设和运营过程中面临的主要生态环境保护问题，格拉段工程环境影响后评价以铁路建设和运营造成的野生动物影响、植被影响、水土保持、高原景观、水环境影响等为主要评价内容，重点关注环境保护措施和环境影响在铁路运营五年来的持续效果和发展状况。调查周期为 2011 年 5 月—2012 年 5 月，现场调查坚持"以点为主、点段结合、反馈全线"的基本思路，采取收集资料、走访问询、文字记录、现场观测、植被样方、摄影（像）、遥感解译等方法。根据典型环境要素，如噪声、水、大气等的监测方法要求，选择代表性监测点位和符合现场监测要求的仪器设备进行监测。

通过开展青藏铁路格拉段工程环境影响后评价，一方面对铁路运营 5 年后的沿线环境恢复和发展状况有了一个更全面的了解和掌握，铁路两侧曾受到工程建设占地、阻隔影响的生态环境、水环境以及景观环境得到了明显恢复，另一方面对前期环评和设计中提出并实施的环境保护设计、恢复措施、污染物处理工艺等进行评价，验证其合理性、有效性，对存在不足的措施和面临的新环境问题提出了加强管理和补充措施的建议。总体来看，青藏铁路格拉段工程采取的环境保护措施得到了有效落实，取得了显著效果，对减缓和消除环境负面影响发挥了巨大作用。

青藏铁路格拉段工程作为第一个开展环境影响后评价的铁路项目，能够最大限度地发挥出环境影响后评价制度的积极正面效应，进一步促进铁路工程与高原环境的协调发展。一方面，作为首个铁路环境影响后评价项目，青藏铁路后评价成功实施所取得的经验做法，为环境保护管理部门科学建立铁路建设项目环境影响后评价的体系、方法、程序、要求提供了有益素材和价值参考。另一方面，青藏铁路沿线生态环境复杂敏感，环境保护的要求很高，通过开展环境影响后评价既达到了跟踪后续环境影响、评价措施有效性、解决遗留问题的目的，又实现了环境影响后评价在铁路行业的生根发芽，促进了环境影响后评价制度的繁荣发展。

3.3.2　洋山深水港区三期工程（二阶段）（施工期环境监理）

3.3.2.1　施工期环境监理的组织和管理

（1）根据工程特点组建监理队伍

结合洋山深水港区三期工程（二阶段）的工程特点，组建了相关专业构成的环境监理部。环境监理部进入施工现场后，根据合同要求和工程需要，配备了专业监理工程师8人，配齐了必要的监理设施设备，为监理工作的顺利完成打下了良好的基础。

（2）强化内部管理，有效提升监理工作质量

环境监理部建立了以总监负责制为主的岗位责任制度，各级监理人员均制订了明确的职责范围，分工明确、各负其责。强调精细化管理，管理通过各种制度来保证，通过标准化管理表格来落实。以标准化、规范化管理促进现场环境监理质量的提高。

（3）信息管理与协调工作为监理工作顺利完成提供保障

信息管理是环境监理的重要手段，快捷的信息传递有助于监理目标的实现。保持畅通的信息渠道，及时掌握工程动态，便于及时发现问题，有针对性地做出决定，为工程环境保护工作提供了保障。

3.3.2.2　施工期环境监理的实施

环境监理部编制了监理指导性文件监理规划，并根据各标段施工情况，陆续编制了分项工程环境监理实施细则15项，形成环境监理交底15项，为环境监理工作顺利开展打下了良好的基础。

（1）施工期准备阶段明确了环境监理程序及各项工作流程

①在各分项工程开工前，根据本工程的特点和设计要求、环评报告书及批复要求、结合现场的实际情况，编写环境监理规划和实施细则，并以此作为整个监理工作的指导性文件，对具体的分项工作明确了现场监理人员职责，统一了做法和标准。同时，建立各项工作制度和标准，并不断完善，如月度例会制度、专题会议制度、工程交底会议制度等。在环境监理部内部，建立了周例会制度、周报制度、月报制度、监理现场旁站、巡视制度等。

②做好开工的审核工作。要求施工单位在各单位工程开工前提交开工报告，包括：《施工组织设计方案》《环境保护管理网络》《环境保护管理体系》《环境保

护管理规章制度》《工程施工期环境保护工作计划》、工程施工期进度一览表、生活临设建设图纸等文件，并对报送的文件予以认真审核。

③做好开工前的环境监理交底。每个单项工程开工前环境监理部组织新进场的施工单位召开环境监理交底会，根据各单位报送的施工组织设计和工程的具体情况，及环境监理工作依据、范围、阶段、目标、组织机构、工作方式等方面内容，对其进行施工期环境保护工作交底。明确了环境监理程序及各项工作流程，为施工期环境监理工作的有序开展打下了良好基础。

（2）施工阶段强化旁站、巡视力度，做好过程控制

环境监理人员对工程环境保护重点施工环节进行全过程旁站。环境总监、总监代表对施工现场进行巡视，检查现场监理情况和工作情况，指导现场监理工作，协助现场监理解决实际问题。

分项工程施工期间，环境监理工程师对各分项工程施工现场的环境保护方面及可能产生污染的环节应进行全方位的巡视，对环境保护工程等重点工程、重点部位进行全过程的旁站监理。环境监理工程师在巡视、旁站过程中发现环境保护污染问题时，一般性或操作性的问题，采取口头通知形式；口头通知无效或有污染隐患时，环境监理工程师报环境监理总监批准后及时发出《整改通知单》，要求施工单位限期整改，并对其整改情况进行复查。

（3）参与中间交工验收并做好资料归档工作

环境监理总监作为中间交工验收小组验收组成员参加中间交工验收会议，检验施工过程中的环境保护工作落实情况，对没有达到环境保护预验收要求的施工单位，将责令其限期整改。环境监理部还建立了工程项目中间交工环境保护专项预验收制度，制订了环境保护专项预验收工作程序和内容及归档文件资料，对工程过程信息进行整理、分类、成册归档，确保了工程环境保护档案资料规范、完整、有效，为竣工环境保护验收工作顺利开展打下了坚实基础。

3.4   建设项目环境保护事中事后监管技术方法

3.4.1   常规手段

建设项目环境保护事中事后监管的常规手段主要包括资料核查、现场检查、执法监测和现场访谈。

（1）资料核查

检查项目环境影响评价文件、竣工环境保护验收材料、排污许可证、环境影响后评价材料、环境保护措施实施情况记录、施工期环境监理报告和环境监测报告、突发环境事件应急预案等文件的完备性、合法合规性、真实性。

（2）现场检查

根据收集的资料对项目施工现场及环境保护目标进行现场检查，主要核查工程实际建设内容、环境保护目标等与环评文件及批复的一致性，环境影响评价文件及批复提出的环境保护措施落实情况等。对现场发现的存在环境影响的施工行为进行拍摄取证。

（3）执法监测

监督检查人员可以利用便携式监测仪、委托环境监测部门或第三方监测单位对项目施工中和运营后出现的排污行为开展现场采样和监测，采集证据。

（4）现场访谈

与项目施工、监理人员进行随机性访谈，了解项目概况、环境保护措施实施情况，核实项目建设方提供信息的真实性。走访项目所在地周边居民，核实项目建设方提供信息的真实性，了解项目的建设和运营是否对附近居民带来生态影响及废水、噪声、振动、固废等方面的污染。

3.4.2　新技术的应用

建设项目从审批到验收，时间跨度比较长，各级生态环境部门每年审批的项目数量众多，靠传统管理手段跟踪项目建设情况比较困难。近年来，通过应用遥感技术，并以环评基础数据库中的相关辅助评估系统和大量数据为支撑，建立建设项目动态监管系统，有效提高了建设项目动态监测和管理的效果。

3.4.2.1　无人机在监理、监测、竣工环境保护验收中的应用

无人机作业方便、高效、准确、手段多，根据任务的不同，无人机可搭载单反相机、红外成像仪、三维激光雷达、光电吊舱等多种机载设备，配合地面站、通信指挥车进行实时图像、视频、数据的传输和处理。实践表明，利用无人机系统可以很好地辅助建设项目施工期以及运营期环境保护日常的监督管理工作。以下案例摘自《小微型无人机应用——环境保护和水土保持》（蔡志洲等，2017 年）一书。

（1）环境监理

西南某省公路建设期沿线有一系列弃渣场。监理工作中分别进行航测，获得了面积和体积的动态变化情况；同时掌握了环境保护设施运行与工程建设不同步等情况，发现弃渣场选址未经批准、未按照"先挡后弃"的原则设置坡脚挡墙、长大坡面未分级、周边没有截排水设施等问题。监理工程师对此针对性地提出了要求，设计单位及时提供了补充设计，施工单位进行了完善。

（2）竣工环境保护验收

①某港口煤码头的环境保护验收中，场地面积大，使用无人机对煤码头进行勘察，整体了解防尘等环境保护现状。使用超微型多旋翼无人机飞行高度 50～60 m，全部 4 km² 飞行约 7 min，部分代替了人工 5～8 h 的工作量，避免了在煤尘中穿行的职业卫生危害。勘察发现，运煤列车翻车机房设置了封闭仓；码头上散煤露天堆放，洒水喷淋能力有限；场地缺乏筒仓设施，缺乏防尘网、覆盖网等

硬件措施。距离"输煤不见煤"的"绿色煤炭港口"目标还有一定距离。

②对工程邻近的自然保护区，对照原植被、水系等分布，复核各项环境保护措施的效果，发现遗留的生态等环境影响。部分建设工程的环境保护工作"重永久、轻临时，重内部、轻周边"，留下周边临时工程未进行生态恢复的不良环境影响。利用无人机辅助考察，便于发现问题的位置、规模、影响程度等，在工程环境保护和水土保持竣工验收之前督促解决，不留隐患。

③声屏障需要有足够的长度和高度，才能形成合理的声影区，起到隔声效果。山区公路很难找到一个合适的角度拍摄声屏障效果全貌。竣工验收调查使用无人机航拍、建模，发现需要增加声屏障的位置，准确计算增加的长度等工程量，建议建设单位进行补充。

（3）环境监测

①对于比较偏远、不方便到达的地方，采用无人机取样可以节约不少成本，也能降低研究者的出行风险。美国商用无人机制造公司 Precision Hawk 最近研发出了一款可帮助生态学家或石油公司采集水样的无人机，可帮助其进行生态研究或追踪石油泄漏情况。无人机携带的浮筒上安装一个水泵和储存箱，当无人机悬停在水面上时，就能通过水泵抽取一定量的水作为样本。

②水质分析。高光谱成像技术现在已可测出水体中的叶绿素含量、泥沙含量、水温、水色，对环境污染事故进行跟踪调查，预报事故发生点、污染面积、扩散程度及方向，估算污染造成的损失并提出相应的对策。奥普特科技（北京）有限公司研发 ZK-VNR-A1200 无人机载高光谱成像系统，在浙江省开展了地面河流和湖泊的光谱成像试验，用于水环境的监测及治理效果评估。

3.4.2.2　卫星遥感技术在违法开工项目识别中的应用

利用遥感手段识别"违法建设行为"的技术较为成熟，在国土保护、城市管理、地质灾害等多个领域已实现业务化运行，应用领域、监察范围不断扩大；且经过多年的探索，在监察方式和管理手段等方面取得了显著成效，执法监察能力大幅提高。在借鉴国土保护领域成熟技术及经验的基础上，已经初步实现将遥感技术应用于早期识别开工初期的违法建设项目。

中高分辨率的卫星影像数据可以反映项目所在区域的真实现状情况。如果在项目建设前留存相应的卫星影像数据，不仅能突破目前对单个项目的审批方式，反映出区域内项目的真实空间分布和相互影响，也能为日后项目建设后环境的变化提供一个初始背景情况。因此，可引入卫星遥感技术手段，建立"天上看、地上查、网上有"的三维立体监察体系，通过业务化运行模式遏制环评违法行为。

违法开工项目监测识别系统的总体技术流程是通过中高分辨率卫星遥感影像数据的对比和分析，对建设项目进行监测、识别，实现对建设项目全过程进行环评管理。以建设项目审批信息库为基准，以高分辨率卫星遥感技术为手段，快速监察违法大型工程建设项目。

应用案例：某火电项目（引自《卫星遥感技术在违法开工项目监测识别系统中的应用实例》，赵越等，2015 年）。

首先，利用违法开工项目监测识别系统平台，对某一重点监测区域范围内不同时段的高分辨率卫星影像进行变化检测和人工解译，判断监测区域内是否发生地物性质或者类型变化。收集到某一重点区域保留下来的遥感监测影像图。监测结果如图 3-1 所示。图 3-1a 为 2010 年 4 月 15 日遥感影像图，图 3-1b 为同一地点 2011 年 4 月 15 日遥感影像图，其中，Ⅲ号框内区域为该电厂已建成的厂区，通过变化检测可以判断没有变化；然后进行合法建设项目数据库查询，发现Ⅲ号框内区域为该电厂一期工程，已经建设完工并投入使用，建设过程符合环评审批要求，但Ⅰ号框和Ⅱ号框内区域经变化检测可以发现已有新的施工迹象，因此该区域应该成为重点监控区域。

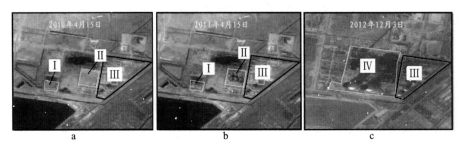

图 3-1   某热电厂工程 "未批先建" 各时期示意

通过查询合法建设项目库发现，该火电厂 2011 年内并没有提交项目扩建审批申请，但由于当时并没有违法开工项目监测识别系统平台的支持，因此，没能及时发现该电厂 "未批先建" 的违法行为。继续调出同一地点 2012 年 12 月 3 日的遥感影像图（见图 3-1c），与图 3-1b 对比发现，Ⅳ号框内区域已经基本建成该火电厂的扩建工程。合法建设项目数据库的资料显示，该工程环评批复时间实际为 2012 年 7 月，但该电厂已于 2011 年 4 月 15 日之前就开工建设了，因此该项目属于典型的 "未批先建" 的违法建设项目。经与环境保护主管部门联系并反映该情况，最终结果是该工程虽然已经完成环评审批，但 "未批先建" 的违法行为依然存在，因此对该工程未经环境影响评价审批违法开工建设的行为进行了查处整改和罚款。

通过该案例可以看出，将遥感动态监测技术应用于 "未批先建" 的违法建设项目查处中，对已经发生的违法行为只能进行补救，但只要在未来的环评审批过程中，对重点区域和重点行业的项目严格进行监控和管理，完全可以降低项目违法开工建设的发生频率。

3.5   我国生态影响类建设项目环境保护监督管理问题剖析

3.5.1   我国建设项目环境管理制度概述

环境保护是我国的一项基本国策。20 世纪 70 年代末到 80 年代初，我国首先确立了环境影响评价制度、"三同时"制度和征收排污费制度。1983 年召开的第二次全国环境保护会议上提出了"预防为主，防治结合"、"谁污染，谁治理"和"强化环境管理"三大政策。1989 年第三次全国环境保护会议上，进一步提出了城市环境综合整治定量考核制度、环境目标责任制、排污许可制度、限期治理制度和集中控制制度。三大政策和八项制度形成了我国环境管理的基本政策和制度框架。

近年来，我国又探索了一些行之有效的新的环境管理制度和手段：一是污染物排放总量控制制度，将主要污染物排放总量作为约束性指标纳入国民经济和社会发展规划；二是环境监察和应急管理制度，针对跨区域、跨流域环境监管问题，成立了六大区域环保督查中心；三是清洁生产审核制度和循环经济规划制度，推进环境污染的源头控制和过程控制；四是信息公开、公众参与机制，不断加强环境信息公开及环评中的公众参与等工作力度；五是环境经济政策体系，初步构建了包括绿色信贷、保险、贸易、电价、证券、税收等环境经济政策体系框架。

多年来各项制度的实施和不断完善，对我国的环境保护工作起到了至关重要的作用。在建设项目全过程环境管理中，最为核心的制度包括环境影响评价制度、"三同时"制度、竣工环境保护验收制度，以及近年来建立和强化的排污许可制度和环境影响后评价制度。

3.5.1.1　环境影响评价制度

《建设项目环境保护管理条例》第六条规定"国家实行建设项目环境影响评价制度"。在世界环境保护历史上，美国是第一个把环境影响评价作为一项法律制度确定下来的国家。目前，世界上已经有 100 多个国家和地区在开发建设活动中推行环境影响评价制度。我国环境影响评价制度的建立也有一个过程，自 1972 年引进"环境影响评价"概念后，陆续出台了相关法律法规，对环境影响评价制度作了规定，主要明确了三点内容：一是建设污染环境的项目，必须遵守国家有关建设项目环境保护管理的规定。二是国家根据建设项目对环境的影响程度，对建设项目实行分类管理。三是建设项目的环评文件，必须对建设项目实施后可能造成的环境影响作出分析、预测和评估，提出预防或减轻不良环境影响的对策和措施，并按照国家规定的程序报环境保护主管部门批准或备案。

为了贯彻落实党中央和国务院推进简政放权、放管结合、优化服务改革要求，通过修订《环境保护法》《环境影响评价法》《建设项目环境保护管理条例》等法律法规以及《建设项目环境影响评价分类管理名录》，对现行的环境影响评价制度进行了完善，一是将"串联审批"改为"并联审批"，将环境影响报告书、报告表的报批时间由可行性研究阶段调整为开工建设前，取消了行业主管部门预审、水土保持方案预审等环境影响评价的前置审批；二是将环境影响登记表由审批改为备案，调整了编制环境影响报告书、报告表和填报环境影响登记表的范围；三是加大了对建设项目环评未批先建的处罚力度。

为了加强环境影响评价监督管理，保障环评制度的有效执行，原环境保护部出台了一系列管理政策。例如，《关于切实加强环境影响评价监督管理工作的通知》（环办〔2013〕104 号）提出了加大环评监管力度、落实环评监管责任的要求；《关于进一步加强环境影响评价违法项目责任追究的通知》（环办函〔2015〕389 号）提出了各级环境保护部门应当严格依法对存在"未批先建""擅自实施重大变动"等环评违法行为的建设项目实施行政处罚的要求；《关于以改善环境质量为核心加强环境影响评价管理的通知》（环环评〔2016〕150 号）提出了落实"生态保护红线、环境质量底线、资源利用上线和环境准入负面清单"约束，建立项目环评审批与规划环评、现有项目环境管理、区域环境质量联动机制。

3.5.1.2 "三同时"制度

"三同时"制度是具有中国特色的环境管理制度，既是建设项目实施阶段的管理手段，也是落实环境影响评价的措施。

1973 年我国第一个环境保护文件《关于保护和改善环境的若干规定（试行草案）》规定："一切新建、扩建和改建的企业，防治污染项目，必须与主体工程同时设计、同时施工、同时投产"。1979 年,《中华人民共和国环境保护法（试行）》对"三同时"制度从法律上加以确认。1989 年的《环境保护法》进一步完善了"三同时"制度,并规定了违反"三同时"制度的法律责任。1998 年国务院制定的《建设项目环境保护管理条例》对"三同时"制度作了细化规定,明确了"三同时"、试生产和竣工验收管理要求。2014 年修订的《环境保护法》规定:"建设项目中防治污染的设施,应当与主体工程同时设计、同时施工、同时投产使用。防治污染的设施应当符合经批准的环境影响评价文件的要求,不得擅自拆除或者闲置"。2017 年修订的《建设项目环境保护管理条例》规定建设项目需要配套建设的环境保护设施,必须与主体工程同时设计、同时施工、同时投产使用,明确了建设项目未落实"三同时"制度要求的法律责任。"三同时"制度在《海洋环境保护法》《水污染防治法》《固体废物污染环境防治法》《环境噪声污染防治法》等环境保护相关法律法规中也都有明确规定。

建设项目的环境影响报告书（表）及其审批决定所确定的各项环境保护措施,经设计、施工得到具体落实后,以各种工程设施、设备等形式表现出来,即成为该建设项目"需要配套建设的环境保护设施"。这些设施包括防治环境污染和生态破坏的设施。《建设项目环境保护设计规定》（国家计划委员会、国务院环境保护委员会 1987 年 3 月 20 日颁布）明确了设计单位、建设单位的责任,对项目建议书、可行性研究报告、初步设计文件、施工图设计文件所应包含的环境保护设计内容以及选址、污染防治、环境保护管理机构、环境监测等方面提出了具体要求。

在"三同时"监督管理方面,2009 年,环境保护部发布了《环境保护部建设项目"三同时"监督检查和竣工环境保护验收管理规程（试行）》（环发〔2009〕150 号）,建立了"三同时"监督检查机制,明确了环境保护督查中心受委托承担建设项目"三同时"监督检查、地方各级环境保护主管部门承担辖区内建设项目"三同时"日常监督管理的责任,以及建设单位应当在建设项目开工前书面报告开工建设情况、定期书面报告"三同时"执行情况的责任,同时规定了监督检查和日常监督管理的主要内容、工作程序、违法处罚要求等。为了强化"三同时"管理，部分省（区、市）结合地区实际对"三同时"管理工作提出了具体意见，例如，浙江省环境保护厅制定并发布了《关于进一步加强建设项目环境保护"三同时"管理的意见》（浙环发〔2013〕14 号），提出了"建立环保'三同时'管理联席会议机制、将'三同时'执法检查纳入年度环境执法工作计划、有条件的地方要建立'三同时'管理信息系统、加强对建设项目设计环保审查、推进环境监理试点工作"等要求；四川省环境保护厅发布了《关于进一步加强建设项目环境保护"三同时"验收管理和现场监督检查工作的通知》（川环发〔2009〕76 号），四川省环境监察总队发布了《关于开展建设项目"三同时"环境监察工作的通知》（川环监发〔2009〕28 号）。

3.5.1.3　竣工环境保护验收制度

建设项目竣工环境保护验收制度是"三同时"制度的重要组成部分，是监督建设项目落实环境影响评价文件要求的保障性措施。

1989 年《环境保护法》明确规定，防治污染的设施必须经原审批环境影响报告书的环境保护主管部门验收合格后，该建设项目方可投入生产或者使用。1998年《建设项目环境保护管理条例》明确了竣工验收的审批时限、审批部门、验收监测等具体规定。为了加强建设项目竣工环境保护验收管理，监督落实环境保护设施与建设项目主体工程同时投产或者使用，以及落实其他需配套采取的环境保护措施，2001 年，国家环境保护总局发布了《建设项目竣工环境保护验收管理办法》。2009 年，环境保护部发布了《环境保护部建设项目"三同时"监督检查和竣工环保验收管理规程（试行）》（环发〔2009〕150 号）。

2014 年修订的《环境保护法》没有对竣工环境保护验收再作专门规定。新修订的《大气污染防治法》《水污染防治法》也删除了有关验收的相关规定。2017年修订的《建设项目环境保护管理条例》取消了建设项目竣工环境保护验收的行政许可，改为由建设单位自主验收，按照国务院环境保护主管部门规定的标准和程序，对配套建设的环境保护设施进行验收，编制验收报告。

3.5.1.4　环境监理

1995 年 9 月，我国利用世界银行贷款的黄河小浪底工程首次开展了工程环境监理工作。此后，相继在深港联合治理深圳河工程、龙滩水电站、万家寨引黄工程、长江重要堤防隐蔽工程和河南驻马店白云纸业等项目中进行了工程环境监理。2002 年 10 月，国家环境保护总局会同铁道部、交通部等有关行业主管部门对青藏铁路、西气东输管道工程等 13 个建在生态敏感地区、生态环境影响突出的国家重点工程实施施工期工程环境监理试点，通过监理，工程各项环境保护措施得以有效落实，取得了防止生态破坏和环境污染的良好效果。在试点项目的带动下，先后有 27 个省级行政区开展了建设项目工程环境监理的探索和实践。

通过建设项目工程环境监理试点工作，交通和水利行业也逐步认识到工程环境监理的重要意义。2004 年，交通部发布《关于开展交通工程环境监理工作的通知》（交环发〔2004〕314 号）并制定了《开展交通工程环境监理工作实施方案》，对重点交通建设工程全面推广环境监理；2006 年，水利部先后发布了《水利工程建设监理规定》《水利工程建设监理单位资质管理办法》，明确要求在全国范围内开展水利工程建设环境监理，并作为工程监理的重要组成部分，纳入工程监理管理体系。

到目前为止，我国在国家层面尚未确立环境监理的法律地位，山西、江苏、新疆、广东等将环境监理纳入地方法规（见表 3-7）。一些地方环境保护部门制定了环境监理的管理办法和规范性文件。2007 年 5 月，辽宁省出台了《辽宁省建设项目环境监理管理暂行办法》，率先在全省范围内建立了工程环境监理管理制度，经过多年的探索和实践，对暂行办法进行了修订，正式发布《辽宁省建设项目环境监理管理办法》（辽环发〔2016〕8 号）。2004 年，《浙江省建设项目环境保护管理办法》提出，"对可能造成重大环境影响的建设项目，推行环境监理制度，由建设单位委托具有环境工程监理资质的单位对建设项目施工中落实环境保护措施进行技术监督"。2011 年，修订后的《浙江省建设项目环境保护管理办法》正式发布，保留了 2004 年提出的环境监理制度。陕西、青海、内蒙古、山东、江苏等省（区）也发布了相关管理办法，如《青海省建设项目环境监理管理办法（试行）》（青环发〔2011〕653号）、《关于加强建设项目环境监理机构与从业人员管理的通知》（苏环规〔2012〕6号）、《内蒙古自治区建设项目环境监理机构管理暂行规定》（内环发〔2012〕210号）、《山东省建设项目环境监理工作规范（试行）》、《山东省建设项目环境监理试点机构监督与考核管理办法（暂行）》、《陕西省建设项目环境监理管理暂行规定》（陕环办发〔2017〕8号）等。2012年1月，环境保护部下发了《关于进一步推进建设项目环境监理试点工作的通知》，对环境监理的定位、功能、开展环境监理的建设项目类型等内容进行了明确。2016年，以环办环评〔2016〕32号文废止了该文件。

表 3-7　环境监理相关地方法规

省份	法规名称	年份	主要内容
山西	山西省重点工业污染监督条例	2007	重点工业污染防治设施建设实行环境工程监理制度。建设单位应当委托具有相应专业监理资质的机构，对污染防治设施建设施工进行现场监理
江苏	江苏省太湖水污染防治条例	2012	太湖流域对可能造成重大环境影响的建设项目配套的环境工程，推行环境工程监理制度。鼓励、引导建设单位委托环境工程监理单位对其环境工程的设计、施工进行监理
广东	广东省环境保护条例	2015	建设项目中防治污染设施及其他环境保护设施应当与主体工程同时设计、同时施工、同时投产使用。防治污染设施及其他环境保护设施的建设，应当实施工程环境监理。具体实施办法由省人民政府另行制定
新疆	新疆维吾尔自治区环境保护条例	2016	建设单位对水利、交通、电力、化工、冶金、轻工、核与辐射和矿产资源开发等施工周期长、生态环境影响大的建设项目，以及环境影响评价批复文件要求开展环境监理的建设项目，应当自行或者委托具备相应技术条件的机构依法实施环境监理

环境监理工作开展20多年来，中央、地方环境保护主管部门及相关部委做了大量推动工作，尤其是在部分省、自治区、直辖市开展了一系列卓有成效的试点

工作。环境监理作为一种第三方咨询服务，可以帮助指导督促建设单位在项目实施过程中落实环境影响报告书（表）及其审批决定所确定的各项目环境保护措施，使得建设单位施工过程中的环境行为得到监督，并为"三同时"验收提供翔实可靠的资料；另外，工程环境监理的引入，使得建设单位能够及时得到环境保护政策和技术的指导，避免了出现问题后整改难度大、资金重复投入造成浪费等情况的发生。

3.5.1.5　排污许可制度

排污许可是环境许可中一项点源排放管理的核心工具，是依据环境保护法律对企业的排放行为和政府对企业的监督做出规定，通过许可证法律文书加以载明的制度。

我国于 20 世纪 80 年代中期开始探索并引入排污许可证这一环境管理制度，1988 年，国家环境保护局发布了《水污染物排放许可证管理暂行办法》；"九五"期间开始"自上而下"的污染物排放总量控制，并开始由浓度控制向浓度与总量控制相结合的方式转变。2000 年 3 月，《水污染防治法实施细则》规定，地方环境保护主管部门根据总量控制实施方案，发放水污染物排放许可证，从行政法规的层面上确立了水污染物排放许可证制度。2008 年 2 月，修订后的《水污染防治法》明确规定，国家实施排污许可证制度，标志着我国排污许可证制度的发展进入了实质阶段。2013 年，《中共中央关于全面深化改革若干重大问题的决定》要求完善污染物排放制度，经过多年的发展，《大气污染防治法》、《水污染防治法》以及 2014 年新修订的《环境保护法》都对排污许可证制度作了原则上的规定。2015 年 4 月，国务院发布的《水污染防治行动计划》（简称《水十条》）明确提出全面推行排污许可、加强许可证管理等相关具体要求。2016 年 11 月，国务院办公厅印发了《控制污染物排放许可制实施方案》（国办发〔2016〕81 号），2016年 12 月环境保护部印发了《排污许可证管理暂行规定》（环水体〔2016〕186 号）和《关于开展火电、造纸行业和京津冀试点城市高架源排污许可管理工作的通知》（环水体〔2016〕189 号），并正式上线运行了排污许可证信息管理平台，标志着我国排污许可制度进入了一个新的阶段。目前，石化、水泥、农药制造、纺织印染等多个行业的排污许可证申请与核发技术规范已发布。

我国的排污许可证定位是规范和限制企业运行期的排污行为，既是企事业单位的守法文书，也是生态环境主管部门的执法依据，是建设项目运行期环境监管的重要手段。生态环境主管部门不再进行"保姆式"管理，主要依企业的申请和承诺核发排污许可证，且在发证环节原则上不再现场核查。企业在申请许可证阶段，对申报内容的真实性和完整性负责，运行期要通过建立自行监测、台账记录、执行报告和信息公开的新型企业环境管理制度，证明其排污行为符合排污许可证要求。核发排污许可证后，生态环境主管部门依排污许可证进行监管执法，并搭建公众监督平台，严厉处罚失信和违法行为。

3.5.1.6　环境影响后评价

环境影响后评价，即编制环境影响报告书（表）的建设项目在通过环境保护竣工验收且稳定运行一定时期后，对其实际产生的环境影响以及污染防治、生态保护和风险防范措施的有效性进行跟踪监测和验证评价，并提出补救方案或者改进措施，提高环境影响评价有效性的方法与制度。

我国环境影响后评价的研究起步于 20 世纪 90 年代，主要是由于环境影响评价制度在执行实施中出现了一些问题。依据《环境影响评价法》第二十七条规定，一类环境影响后评价是在项目建设、运行过程中产生不符合经审批的环境影响评价文件的情形的，建设单位应当组织环境影响后评价，采取改进措施，并且报原环境影响评价文件审批部门和建设项目审批部门备案；另一类是原环境影响评价文件审批部门也可以责成建设单位进行环境影响后评价，采取改进措施。各行业环境影响后评价工作的法律法规及规范依据也逐渐完善，例如，2003 年国家海洋局印发了《海洋石油开发工程环境影响后评价管理暂行规定》，2010 年水利部印发了《水利建设项目后评价管理办法（试行）》，2011 年重庆市印发了《重庆市建设项目环境影响后评价技术导则（试行）》。从实践来看，水利水电、煤矿、港口、公路工程等生态影响类行业均有了一定的环境影响后评价工作基础。2015 年，环境保护部出台了《建设项目环境影响后评价管理办法（试行）》（部令 第 37 号），明确规定了应该开展环境影响后评价的项目、内容和具体管理措施，2017 年新修订的《建设项目环境保护管理条例》增加了后评价的规定。

3.5.2　生态影响类建设项目环境保护监督管理存在的主要问题

我国建设项目的环境监管主要由环境监管法律、环境监管制度、环境监管行政体系三大部分组成。《环境保护法》从根本上确立了建设项目环境监督管理的基本制度、内容、要求和法律责任，建立了国家、省、市、县四级行政管理体系。从法律执行及监管的总体状况看，生态影响类建设项目擅自变更、取消重要的环境保护设施或措施、施工期生态破坏以及运营期环境监测和生态监测不落实等问题较为突出。导致环境监管效果不能尽如人意的原因是多方面的，主要表现为监管体系不完善、各项制度之间衔接不顺畅、监管内容不全面、环境信息公开和环境信用管理机制不健全。

3.5.2.1　监督管理体系不完善

一是现行监管体系主要是围绕污染源管理而设计的，不能适应生态影响类建设项目的管理要求。从最早提出的征收排污费制度，到排污许可制度、污染物排放总量控制制度，以及"十三五"围绕改善环境质量制定的一系列管理政策，在防控大气、水污染物排放方面发挥了重要作用，其关注的重点是污染物种类、排放强度和排放总量，以及相关的排放方式、排放时间和排放去向，受纳污染物的水、气、土壤、声等环境承载力以及受影响的程度，而对建设项目造成的生态影响缺乏有效的监管，在制度上存在一定的漏洞。

二是未建立常态化的监管机制，奉行"老百姓不上访不查、媒体不揭露不查、高层领导不批示不查"的错误准则。早在 2009 年环境保护部出台的《建设项目"三同时"监督检查和竣工环境保护验收管理规程（试行）》已经提出，环境保护督查中心和省级环境保护主管部门分别负责组织开展"三同时"监督检查和日常监督管理。日常监督是及时发现擅自变更、措施落实不到位以及生态问题的关键，仅仅通过公众投诉、媒体曝光以及竣工环境保护验收检查等方式发现问题再进行补救，往往为时已晚，尤其是对于不可逆的、难以恢复的生态破坏。

三是政府、企业、公众环境保护的责任不明确。政府、企业、公众是环境保护工作的三大支柱。政府是环境监管的责任主体，依法实施检查和责任追究，企业是落实项目实施全过程环境保护工作的责任主体，依法履行环境影响评价、"三同时"、排污许可等相关制度，公众依法通过环境信息公开等途径对环境保护进行监督。长期以来，环境保护主管部门负责组织建设项目竣工环境保护验收，在一定程度上造成了落实"三同时"制度责任主体不明确，建设单位主体责任和环境保护部门监管责任被混淆。而公众的环境监督责任也没有得到全面的保障，其在环境保护中的作用没有得到充分的发挥。

四是单一薄弱的监管力量无法适应日益增长的环境管理需要。我国环境监管的实施主体是环境保护部门，环境保护部门执行监管的方式主要依靠环境监察机构现场监督检查。现场监督检查具有点多、面广、量大、任务重、要求高等工作特点，尤其对于线性工程，分为若干标段，且往往交通不便，基层环境保护部门机构不完善、人员少、专业人才缺乏、经费难以保障等现实问题，造成监管能力明显不足，几名环境监察人员就要负责一个县级行政区域成百上千个建设项目的现场监督检查，单一薄弱的环境监管力量与日益增长的环境管理需求之间的矛盾越来越突出，构建一个政府主导、环保牵头、部门配合、企业自律、公众参与的多层次、多元化监管体系，是解决上述矛盾的重要途径。

五是过于依赖行政手段，法律和经济手段发挥不足。我国在建设项目环境监管方面多倾向于采取行政性措施，主要以文件形式层层下达指标、签订责任书。行政性措施执行效率高，但往往难以调动责任主体的主观能动性，多是被动执行。作为生态文明体制改革六大配套方案之一的《生态环境损害赔偿制度改革试点方案》于2015年年底出台，要求造成生态环境损害的责任者承担赔偿责任，目前尚处于试点阶段。如何将其作为经济手段应用于生态影响类建设项目的监管，还需要研究与现有监管体系的有效融合。同时，一些法律约束手段及经济激励措施也没有及时跟上。

3.5.2.2　制度衔接不顺畅

生态影响类建设项目的管理分为三个阶段，一是在项目建设前，需判断拟建项目的环境影响是否可接受，同时明确防治环境污染和生态破坏的措施，即遵守环评制度；二是在建设期，要确保环境保护措施与主体工程同时设计、同时施工、同时投入运营，即遵守"三同时"制度，在这一阶段，环境监理和竣工环境保护验收是重要的监管手段；三是运营期，要确保生态保护措施发挥有效作用、生态恢复满足目标要求、污染物排放符合达标排放等要求，可通过排污许可、后评价制度予以管理。每个阶段都有相应的制度予以保障，也彼此衔接，为下一阶段的制度运行提供依据。但是，各项制度之间衔接不顺畅的问题长期存在，严重影响了监管效果。

一是环境影响评价制度与"三同时"制度相互割裂。在生态影响类建设项目环境管理中，环境影响评价制度和"三同时"制度是最为核心的制度，贯穿了项目从设计、建设和运营的全过程。但是，在我国建设项目环境管理工作中，"三同时"制度和环境影响评价制度往往是割裂开的，仅通过竣工环境保护验收将两个制度进行了衔接，大多数企业将环评作为建设项目的"准生证"，以拿到建设项目环评批复为最终目标，之后便将环境影响评价文件及其批复要求束之高阁，还有一些企业"未批先建""擅自变更"，严重影响了制度间衔接的有效性，造成了"三同时"先天不足、后天又无法补救，尤其是"三同时"中环境保护设施与主体工程"同时设计、同时施工"，由于缺乏有效监管，几乎与环评脱节。例如，野生动物通道、鱼道等重要生态保护措施设计参数的变更、擅自取消，声屏障、桥面径流收集系统后期补建等现象直接暴露出环境影响评价制度与"三同时"制度在衔接上存在的问题。

二是环境监理定位模糊以及与其他制度并存的必要性问题。环境监理工作开展 20 多年来，国家、地方环境保护主管部门及相关部委做了大量推动工作，尤其是在部分省、自治区、直辖市开展了一系列卓有成效的试点工作，山西、江苏和新疆等先后在相关地方法规中明确了环境监理的法律地位，但在国家层面，尚未确立环境监理的法律地位，有关环境监理管理模式的争议一直存在，主要分歧是环境监理有无必要从工程监理中独立出来，这些分歧导致环境监理定位模糊、从业者法律地位不明确。环境监理的程序、制度、方法、内容基本照搬工程监理模式，未完全形成符合环境保护要求的工作模式。环境监理是作为一项与其他制度并存的制度存在，还是与现有制度融合，也需要进一步明确。

三是环评制度改革背景下新旧制度的有效衔接面临挑战。排污许可制度是近两年来制度改革的核心，是污染源管理的重要手段，但在生态影响类建设项目的管理上尚无较好的切入和衔接点。环境影响后评价也是制度改革的重点，从内容上来看可以说是环境影响评价制度的延续，对于具有不确定性、长期性和累积性影响特点的生态影响类建设项目，环境影响后评价将发挥重要作用。根据新修订的《建设项目环境保护管理条例》，建设单位报批环境影响报告书（表）的阶段由可行性研究阶段（或初步设计完成前）调整到开工建设前，取消了建设项目竣工环境保护验收的行政许可，改为由建设单位自主验收，这两方面的变化对环境影响评价制度、"三同时"制度和环境影响后评价制度的衔接提出了新的挑战，如何避免"多张皮"管理，针对生态影响类建设项目的特点，从管理内容、要求、时间节点上进行衔接是现阶段要解决的关键问题，而是否与排污许可制度进行衔接以及如何衔接也是值得深入思考的问题。

3.5.2.3 监管内容不全面

根据《建设项目环境保护事中事后监督管理办法（试行）》，事中监督管理的内容主要是：经批准的环境影响评价文件及批复中提出的环境保护措施落实情况和公开情况；施工期环境监理和环境监测开展情况；竣工环境保护验收和排污许可证的实施情况；环境保护法律法规的遵守情况和环境保护部门做出的行政处罚决定落实情况。事后监督管理的内容主要是：对生产经营单位遵守环境保护法律、法规的情况进行监督管理；产生长期性、累积性和不确定性环境影响的水利、水电、采掘、港口、铁路、冶金、石化、化工以及核设施、核技术利用和铀矿冶等编制环境影响报告书的建设项目，生产经营单位开展环境影响后评价及落实相应改进措施的情况。

在实际工作中，生态影响类建设项目事中监管的主要形式是施工期环境监理以及竣工环境保护验收审查和现场检查。在施工期，主要通过环境监理对各施工单位进行日常环境保护现场检查，提出整改意见、发出整改通知，落实环境保护措施。环境保护部门仅通过与环境保护有关的投诉事件来对建设项目施工期的环境保护工作进行监管，进入竣工环境保护验收阶段，环境保护部门主要通过审查和现场检查对建设项目"三同时"执行情况进行监管。可以看出，环境保护部门在事中监管过程中，主要有三个方面的重要缺失。一是对"三同时"中的"同步设计"缺乏监管。生态影响类建设项目选址选线、临时工程的优化以及一些重要的环境保护设施如野生动物通道、鱼道、声屏障、桥面径流收集系统等必须与主体工程一并设计，才具有可操作性。对"同步设计"的监管应在项目开工建设前进行，并延伸至施工期，它的缺失将不利于"擅自变更"和不可逆转的生态影响的监管。二是对施工期环境监理缺乏监管。近年来，大量建设项目环评审批文件要求建设单位开展施工期环境监理，并将其作为项目试生产和竣工环境保护验收的前置条件。但在实际操作过程中，多数建设项目并未按批复要求及时开展环境监理，到了试生产和验收阶段，为满足环评批复要求，补做环境监理报告。环境监理是一种过程管理工作，工程结束后，施工过程中产生的环境影响已经发生，补办环境监理对于减少施工期环境影响毫无意义，只是在形式上完成了一项程序。三是对信息公开情况缺乏监管。公众参与监管的基础是确保公众对环境的知情权，而做到这一点的前提是环境信息公开。《环境保护法》对政府和企业的环境信息公开作了明确具体的规定，特别是对企业，还规定建立诚信档案和黑名单制度，对强化公众对企业的环境监督至关重要。但是，对建设单位信息公开的执行情况，环境保护部门缺乏相应的监管。

事后监管更为薄弱，在项目投入运行后几乎没有监管行为。极少数项目按照批复及批复的环境影响评价文件要求开展了环境影响后评价，但对后评价情况并未实施监管。同时，对环评文件中提出的环境监测和生态监测方案的落实情况也缺乏监管。生态影响类建设项目的环境影响的方式、途径与工业类建设项目显著不同，运营期影响具有长期性、累积性和不确定性等特点，生态保护措施也需要通过生态监测和有效性评估加以不断完善。因此，事后监管内容的缺失对生态影响类建设项目后续环境管理工作的开展非常不利。

3.5.2.4   环境信息公开和环境信用管理机制不健全

《环境保护法》通过专章提出要全面加强信息公开与公众参与，其中第五十五条、第六十二条规定了重点排污单位强制公开环境信息的相关要求和责任。随后出台的《企业事业单位环境信息公开办法》对重点排污单位应公开的信息内容、公开途径、公开时间以及法律责任进行了细化，但未明确不属于重点排污单位的其他单位应公开的环境信息内容以及法律责任。同时，《企业事业单位环境信息公开办法》提出，对于重点排污单位之外的企业事业单位，属于自愿性公开，不做强制性规定，难以满足生态影响类建设项目的监管要求。

《环境保护法》规定，企业事业单位和其他生产经营者的环境违法信息应当记入社会诚信档案，违法者名单应当及时向社会公布；国务院办公厅印发的《关于加强环境监管执法的通知》要求："建立环境信用评价制度，将环境违法企业列入'黑名单'并向社会公开，将其环境违法行为纳入社会信用体系，让失信企业一次违法、处处受限"。目前，企业环境诚信意识和信用水平仍然整体不高，违法失信行为仍然突出。总体来看，我国环境信用体系建设刚起步，尚不完善，对环境信息公开不真实、不及时的行为缺乏有效的监督机制。

第4章 生态影响类建设项目事中事后监管机制的建设

4.1 指导思想

全面落实党中央、国务院关于推进政府职能转变、深化行政体制改革的总体要求，完善建设项目环境保护事中事后监管工作机制，坚持问题导向，解决事中事后监管不平衡、不充分的问题，以推进信息公开、诚实守信为手段，以严格执法、大数据监管、社会监督为保障，加快构建政府监管、企业自律、公众参与的综合监管体系，确保环境影响评价源头预防环境污染和生态破坏的作用有效发挥。

4.2 基本原则

为了提高环境管理效能，对生态影响类建设项目进行全方位管理，必须建立一套科学、客观的目标管理机制，管理机制的建立应遵循如下原则：

（1）依法强化监管。坚持用法律的思维和法治方式公正高效地开展监管，严格执行有关法律法规，提升监管能力，确保依法监管、规范监管、有效监管。

（2）落实主体责任。明确地方政府及有关部门对环境影响评价、建设项目环境保护"三同时"、环评相关技术服务机构的监管责任。正确处理履行监管职责与服务发展的关系，注重检查与指导、惩处与督导、监管与服务相结合，确保监管不缺位、不错位、不越位。

（3）创新监管手段。以信息化促进监管手段多元化，以落实"双随机一公开"推进监管实施常态化，以社会诚信推动监管措施有效化。充分利用信息网络技术，推动监管方式向专业化、智能化转变，完善规范化监管制度，不断提高监管水平。

（4）促进社会共治。坚持监管工作的公开透明，构建政府为主导、企业为主体、社会组织和公众共同参与的监管体系，充分发挥法律法规的规范作用、企业的自律作用、舆论和公众的监督作用，实现社会共治。

4.3　工作目标

（1）职责更加明确。以改善环境质量和促进"放管服"改革为目的，处理好政府与市场的关系，按照使市场在资源配置中起决定作用和更好发挥政府监管和服务作用的要求，全面推行环境保护"放管服"改革工作，加强政府环境保护监管职能转变，把应当由市场决定的事情交给企业、社会和中介组织，让审批更简、监管更强、服务更优，让市场主体自主选择并对环境保护承诺负责。

（2）体制更加健全。按照"放管服"的要求，进一步规范省、市、县三级环境行政审批权限，使环境行政审批放得下来，下面接得住；理顺环境保护审批权，市级生态环境部门行使属地环境保护审批权，县级环境保护分局行使市级生态环境部门授权委托的环境保护审批权；理顺环境保护监管和监察权，县级人民政府对本地区的环境质量负责，有关部门按照"一岗双责"的要求开展环境管理，县级环境保护分局对管辖范围内的建设项目开展环境监管执法，市级和省级生态环境部门对项目实行环境监察。开展规划环境影响评价制度改革，让区域规划环境影响评价审批成为上级人民政府生态环境部门监督下级人民政府环境保护工作的强制性措施。理顺规划环境影响评价与建设项目环境行政审批的关系，理顺生态环境部门与行政审批部门、园区管理部门之间的关系，部门之间有关环境影响评价、"三同时"管理、排污许可监管等方面的职责更加清晰，信息通报和共享机制更加顺畅，审批职责相互衔接，审批效率继续提升，违法现象得到协同打击，确保环境保护"一岗双责"的实现。通过体制改革和衔接工作，夯实环境保护全过程监管的体制基础。

（3）制度日臻完善。区域开发利用空间格局与区域环境风险控制措施进一步落地，区域环境风险预防、控制与建设项目环境风险预防、控制相结合。在加强区域环境风险预防和控制制度建设的前提下，简化建设项目环境影响评价制度、"三同时"制度和排污许可制度的内容和程序，建设项目环境影响评价分类管理和分级审批更加科学；中介技术服务机构参与区域环境风险评价与控制、建设项目环境影响评价、"三同时"监测、企业日常环境监测与环境管理、环境污染控制等方面的制度日益健全，各部门、各行业、各地方联合实施惩戒的机制更加畅通，环境保护行政执法的"双随机一公开"机制更加科学有效，环境保护许可及其管理制度得以全面确立，空间把控、源头严防、过程严管、违法严惩的环境保护监管制度体系有效衔接，全社会环境保护守法意识不断提高，地方保护主义得到有效遏制，违法违规现象得到有效遏制。通过制度完善工作，夯实环境保护全过程监管的制度基础。

（4）环节更加衔接。区域环境影响评价及其批复应当成为建设项目环境影响评价的主要依据，主体功能区、"三线一单"、区域环境总量等应当成为建设项目环境准入的前提条件；建设项目环境影响评价及其批复条件应当成为建设项目环境保护后监管和第三方技术服务机构开展环境技术服务的主要依据，应当成为企业许可证发放和许可证管理的重要基础；各部门之间的职责清单建立和信息共享机制的建立，应当促进企业审批和环境监管措施的有效协同，企业环境信息公开，应当促进社会的有序参与和监督；企业和中介技术服务机构的承诺应当成为开展环境信用管理的主要依据。通过事中和事后监管环节的有效衔接，夯实环境保护无缝隙监管的方法基础。

（5）机制更加有效。信息公开机制和部门间信息共享机制进一步强化，中介技术服务机构和企业的诚信体系以及失信联合惩戒机制不断完善，运用信用手段加强建设项目的事前准入和环境保护事中事后监管，发挥企业环境信用在各地区调结构、转方式和区域环境整治中的作用，市场主体对自己行为负责的模式得以确立；建立生态环境部门与企业的"一对一"服务机制，生态环境部门在限期内与企业对接，对企业提供专业咨询和服务，将监管与服务融于一体。通过机制创新和健全，夯实环境保护全过程监管的管理基础。

（6）效能显著提高。发挥主体功能区定位、"三线一单"、区域污染物排放总量控制等制度划框子、定规则的作用，指导性更加有效，规划环境影响评价顶层设计更加完善，基于环境容量和生态保护红线的开发建设预警开始发挥作用，环境准入的约束性得到加强，区域环境风险预防和控制更加有效；生态环境部门内以及生态环境部门和其他部门间环境行政审批程序更加畅通、有效，建设项目环境保护审批时限更加合理，企业的经济、时间成本和政府的环境行政审批成本进一步降低。精简建设项目环境行政审批的程序和内容，抓重点，着眼于解决建设项目能否建设的问题；在能够建设的基础上，着眼于解决建设项目的环境保护措施能否有效预防和解决环境污染的问题。开展"三同时"制度改革，着眼于强基础，解决建设项目的环境保护措施是否有效的问题。开展事后监管改革，着眼于抓落实，把每个企业的环境保护许可证管理变成实施环境保护法律法规、落实企业环境保护承诺的具体规则体系，解决是否遵守环境保护法律法规、能否实现生态保护和环境污染治理目标的问题。通过事中和事后的环境保护监管，环境监测数据质量显著提高，企业的环境信息更加公开，公众的参与更加有序，邻避效应等得到有效的化解，企业接受的环境保护服务更加周全。通过提升环境保护审批、监管和服务的效能，夯实环境保护监管关键措施的实施基础。

（7）基础支撑有力。各级生态环境部门特别是市、县级生态环境主管部门通过专业化强基础，加强自身能力建设或者购买第三方的专业技术服务，环境行政审批和环境监管的支撑能力显著提升；包括环境影响评价审批、环境保护行政服务、环境保护许可管理、环境保护行政监管、环境保护信用管理等内容在内的环境监管信息平台全面建立，信息共享及时，部门间和部门内环境行政审批和环境行政监管流程更加优化，程序更加便捷，"双随机一公开"执法监察系统更加科学合理，扫除监管盲区和死角，做到监管公平、公正和公开。导则规范体系进一步完善，评估队伍能力进一步提升，行业协会作用充分发挥，专家队伍、环境影响评价机构及其从业人员管理更加规范。通过能力建设和专业化建设，夯实环境保护依法监管的科学基础。

4.4　全链条无缝衔接管理体系的构建

基于上述对我国生态影响类建设项目环境保护事中事后监管现状及其存在问题的剖析，提出全链条无缝衔接管理体系的构建思路。

4.4.1　全周期管理——构建生态影响类建设项目全生命周期环境管理体系

4.4.1.1　政府管理层面

政府，在这里主要指生态环境主管部门，在全生命周期环境管理中的定位是监管的责任主体，负责对建设单位实施环境保护工作的情况进行监督、检查和执法。结合生态影响类建设项目的特点，政府在监管过程中有以下几个关键的切入点。

（1）针对建设单位报批环境影响报告书（表）的阶段由可行性研究阶段（或初步设计完成前）调整到开工建设前，为了避免出现环评滞后于设计的现象，确保环境保护设施与主体工程"同时设计"，应对可研阶段、初步设计阶段以及施工图设计阶段的设计文件实行备案管理，重点关注建设单位是否根据《建设项目环境保护设计规定》等环境保护设计规范，开展污染防治、生态保护、环境风险防范等环境保护措施的可行性论证和设计，环境保护设施投资估算是否合理，并将上述内容纳入了可行性研究、初步设计、施工图设计文件。

（2）在工作机制上可试行"清单式"的管理模式。根据环境影响评价文件及批复文件、环境影响后评价文件、环境保护有关法律法规的要求，制订建设项目环境保护监管事项清单，明确监管内容、监管程序、监管措施和处理措施。生态环境主管部门以监管事项清单作为主要依据，对环境保护设施"三同时"执行情况以及环境影响后评价提出的补救方案、改进措施的执行情况，实施双随机抽查。监管事项清单应突出不同阶段的监管重点，在项目开工建设前重点监管建设项目选址选线以及污染防治、生态保护、环境风险防范等环境保护措施的可行性论证，环境保护设计、施工交底等相关技术文件齐备情况等。建设过程中重点监管配套环境保护设施设计变更、建设进度（包括与主体工程的同步性）、环境监测、前次监督检查的整改落实情况等。项目建成后重点监管配套环境保护设施的验收和同步投入生产或使用情况，根据环境影响后评价结论采取补救方案、改进措施的实施情况等。

（3）改变"老百姓不上访不查、媒体不揭露不查、高层领导不批示不查"的监管模式，建立日常监管制度。生态破坏一旦发生，其影响可能不可逆转或恢复成本很高，因此，各级生态环境主管部门应按照属地管理的原则，加强本行政区域内日常监督检查工作，通过定期检查、随机抽查等方式对建设项目全生命周期进行监管。实行分级分类监管，对涉及环境敏感区、生态影响突出的项目重点监管。

（4）将生态环境损害赔偿制度纳入监管体系。目前生态环境损害赔偿制度正在开展试点工作，通过试点逐步明确生态环境损害赔偿范围、责任主体、索赔主体和损害赔偿解决途径等，建立生态环境损害的修复和赔偿制度。对于建设项目因违反"三同时"而造成的生态破坏，也应建立相应的赔偿制度以提高监管效力。

4.4.1.2　企业执行层面

企业是落实项目实施全过程环境保护工作的责任主体。应围绕上述监管要求，依法履行环境影响评价、"三同时"、排污许可等相关制度。

（1）在设计中严格落实环评报告及批复中的环境保护要求，秉承"动态优化，设计环评一体化"的设计思路，确保环境保护设施与主体工程"同时设计"。建设单位应根据《建设项目环境保护设计规定》等环境保护设计规范，开展污染防治、生态保护、环境风险防范等环境保护措施的可行性论证和设计，合理估算环境保护设施投资，将上述内容纳入可行性研究、初步设计、施工图设计文件进行同步审查并向生态环境主管部门备案。建设单位委托施工任务时，应将环境保护设施建设纳入施工合同，保证其建设进度和资金落实。

（2）对照监管事项清单，在项目开工建设前、施工期和投入运行后分阶段、定期编制"三同时"执行情况说明，并向社会公开和向生态环境主管部门备案。在项目开工建设前重点说明建设项目选址选线以及污染防治、生态保护、环境风险防范等环境保护措施的可行性论证情况，环境保护设计、施工交底等相关技术文件齐备情况等。建设过程中重点说明配套环境保护设施设计变更、建设进度（包括与主体工程的同步性）、环境监测、前次监督检查的整改落实情况等。项目建成后重点说明配套环境保护设施的验收和同步投入生产或使用情况，根据环境影响后评价结论采取补救方案、改进措施的实施情况等。

（3）建设单位应通过媒体、互联网等方式，或者通过公布企业年度环境报告的形式公开运行期环境保护信息。生态影响类建设项目应根据环境影响报告书及其批复，向所属区域生态环境主管部门定期报送生态监测、污染源监测、环境质量监测和跟踪监测执行情况。

4.4.1.3　基础支撑方面

一是加大环境监管能力的基础保障与人才队伍建设，改善环境监管的基础设施和装备，打造一支规模相当、素质优良、结构合理的环境保护人才队伍；二是创新监管手段和技术方法。以信息化促进监管手段多元化。完善环境信用体系建设，推进与有关部门各层级信用信息共享，将有关建设单位、评价机构、验收咨询机构、环评工程师等违法违规情况纳入诚信系统。推动环境影响评价"守信激励、失信惩戒"机制。构建社会参与监管体系，发挥群众监督、社会监督的作用，"倒逼"责任主体落实环境影响评价责任，监管部门依法履行职责。以"双随机一公开"推进监管手段规范化。结合省以下监测、监察执法、垂直管理制度改革，进一步理清国家、省、市、县生态环境主管部门事权，明确审批权力和责任，将建设项目环评事中事后监管纳入"双随机一公开"范围，设置单独的抽查比例，确保监管范围全覆盖。构建一个政府主导、环保牵头、部门配合、企业自律、公众参与的多层次、多元化监管网络。

4.4.2 全层次管理——促进环评、"三同时"、后评价三项制度的融合管理

（1）以环境影响评价为核心载体建立生态影响类建设项目协同管理机制。以环境影响评价文件及其批复文件、环境影响后评价文件作为管理的核心载体，制订监管事项清单，实施清单式管理，确保管理信息"上下""左右""内外"统统畅通。"上下"畅通，主要是使国家、省、市、县四级生态环境主管部门的监督执法形成合力，同时也便于上级生态环境主管部门对下级生态环境主管部门及地方政府的考核评价。"左右"畅通，就是使环评、"三同时"、环境监测、环境监察执法等各个管理条线形成合力，使各项管理协调一致、互为补充，提升监管效力，节约行政成本。"内外"畅通，就是使生态环境主管部门与其他部门以及公众之间形成合力，发挥绿色金融、绿色信贷、绿色证券、绿色供应链等激励政策的作用，发挥公众参与监督的作用。

（2）建立环境影响后评价对环评的反馈机制。按照《建设项目环境影响后评价管理办法（试行）》要求，各级生态环境主管部门按审批权限督促建设单位或者生产经营单位组织开展环境影响后评价，对环境影响后评价文件实行备案管理，并根据环境影响后评价结论监督检查建设单位及时采取补救方案、改进措施。对生态影响类建设项目，建立与环评的反馈机制，及时调整、改进环境保护措施和生态监测方案。

4.4.3 全空间管理——建立基于 GIS 技术和 DSS 技术的决策支持系统

结合 GIS 技术和 DSS（决策支持系统）技术为监管人员提供可视化的决策支

持，对建设项目环境保护工作进行全方位的科学管理。辅助技术高空间分辨率遥感影像可进一步实现环境监理信息"一张图"，即以高分辨率卫星遥感数据为主题，全面反映建设项目环评批复、施工期环境信息动态、环境敏感信息等综合情况，做到对工程环境状况"一览无遗"。"一张图"数据集主要包括环评及批复空间化数据、环境监理关注目标空间及属性数据、建设项目基本信息数据、基础地理要素测绘数据、地面核查数据和卫星遥感数据等。遥感技术在生态影响类建设项目环境监测中应用较广，配合逐渐完善的无人机系统，在事中事后环境监管中值得尝试和深入推广应用。

4.5　事中事后监管机制研究

4.5.1　完善环境影响评价制度

环境影响评价制度是监管的基础，它的"先天不足"将直接影响事中事后监管的效能。同时，生态影响类建设项目的特点也更加突出了环境影响评价从源头防止环境污染和生态破坏的关键作用。因此，作为事中事后监管机制建立的基础，本书对环境影响评价制度的完善提出了以下几点管理思路。

4.5.1.1　促进环评文件质量的提升

从环评法律执行及监管的总体状况看，建设项目"未批先建""未批先投"和规划"未评先批""批后补评"等违法行为突出，普适性的环评审查审批制已事实上失灵；从环评执行效果看，建设项目批建不符、重大变动和规划评而不用、禁而不止较为普遍，说明事中事后监管的不力，也说明环评质量特别是环评文件质量存在不足；从环评后续监管看，企业未落实环评文件的要求，变更环境保护措施，超标、超总量、超种类排污等违法行为屡禁不止；从总体环境质量变化趋势看，在违法责任追究等相关制度不断强化的情况下，生态环境质量与预期效果仍差距较大。导致环评监管机制困境的原因是多方面的，其中关键因素之一就是以审批审查为核心的环评监管法律机制存在严重缺陷与不足，环评活动围绕着审批审查在运转，以通过审批审查为目的，环评结论在帮助建设单位发现并解决真实的环境问题、优化决策、源头预防污染和生态破坏方面的作用没有充分发挥，也没有能够在指导和约束建设单位和规划执行单位在实践中减少和控制环境问题上发挥应有的作用。因此，将环评监管机制的核心由环评审批审查调整为环评文件质量管理，围绕环评文件质量完善环评监管机制，可有效解决当前环评制度面临的困境和发展问题。

一是完善环评文件质量的责任分配制度。厘清环评文件质量的责任主体。规定环评文件编制工作的组织者，包括建设单位、规划编制单位、政策制定单位和有关活动的组织单位，对环评文件质量承担主体责任，并对环评文件及结论的真实性、全面性负责；环评文件编制的承担者，对环评文件质量承担重要责任，对环评过程中的不负责任、弄虚作假行为承担法律责任。同时，应立法明确有关环评文件审查的组织者、进行技术评估的技术机构、接受征求意见的单位和有关专家在环评文件质量管理中的角色和法律责任。

二是加强环境影响评价文件质量管理。制订环境影响评价文件技术复核管理办法，组织对规划环境影响评价文件、建设项目环境影响报告书（表）开展技术复核。完善技术复核手段，采取人工复核和智能校核相结合方式，开展环境影响评价文件法规、空间、技术一致性校核。对技术复核判定有重大技术质量问题的，要向审批审查机关进行通报。对影响审查审批结论的，应重新编制环境影响评价文件。环境影响评价文件技术复核及处理结果向社会公开。

三是保障环评技术服务机构的独立性。环评机构是环评制度实施的重要力量，也是环评法律规制的薄弱环节。法律应对作为技术服务第三方的环评机构的独立性做出规定，除严格执行不得与审批机关存在任何利益关系的规定外，还应对环评机构与规划编制或建设单位的委托关系、责任与义务等做出制度安排，保障环评机构能不受审批机关和环评组织者的干扰，独立、专业地开展环评，确保环评过程的科学性、客观性。构建以环评文件质量为重点的环评机构准入条件，保障环评文件备案制的有效实施。

在监管上，定期组织对环境影响评价文件编制质量以及技术评估意见的合法合规性核查，对环境影响评价文件编制单位、技术评估机构不负责任、弄虚作假，致使环境影响评价文件失实的，要进行严肃查处。要将影响恶劣的环境影响评价文件编制单位、技术评估机构和人员清除出环境影响评价市场。严禁生态环境部门直属单位开展建设项目环境影响评价。

4.5.1.2　强化规划环评管理

对各级生态环境主管部门在建设项目环境影响评价审批中建立"三挂钩"机制、落实规划环境影响评价要求、强化"三线一单"硬约束。规划编制机关应严格执行《编制环境影响报告书的规划的具体范围（试行）》和《编制环境影响评价篇章或说明的规划的具体范围（试行）》，开展规划环境影响评价。对环境有重大影响的规划实施后，应当及时组织规划环境影响的跟踪评价，将评价结果报告规划审批机关，并通报环境保护等有关部门。规划草案审批机关在审批规划草案时，应将规划环境影响报告书结论以及审查意见作为决策的重要依据。在监管上，定期组织对规划编制机关开展规划环评有关情况、规划环评文件编制和审查有关情况、规划审批机关审批专项规划草案时对规划环评及审查意见处理情况以及对环境有重大影响的规划实施后规划编制机关组织跟踪有关情况进行检查，依法追究规划编制机关、规划审批机关及有关责任人员的违法责任。对未依法开展环境影响评价即组织实施开发建设规划的地区，暂停审批其建设项目环境影响评价文件。

4.5.1.3　完善建设项目环境影响评价分级分类管理

科学、谨慎下放环境影响评价文件审批权限。各级生态环境主管部门应按照规定的审批权限开展环境影响评价文件审批。下放调整审批权限应履行法定程序，对下放的环境影响评价审批事项，上级生态环境主管部门不得随意上收。严格环境影响评价委托审批管理，委托审批事项和受委托开展审批均应符合法定要求。

生态环境部主要负责审批涉及跨省（区、市）、可能产生重大环境影响或存在重大环境风险的建设项目环境影响评价文件；省级生态环境主管部门应结合垂直管理改革要求和地方承接能力，梳理已经下放和拟继续下放的审批权限，依法划分行政区域内环境影响评价分级审批权限。动态调整分类管理名录，对未列入分类管理名录且环境影响或环境风险较大的新兴产业，由省级生态环境主管部门确定其环境影响评价分类，报生态环境部备案；对未列入分类管理名录的其他项目，无须履行环境影响评价手续。对于技术性强的建设项目，市、县级生态环境主管部门自身技术支撑不足的，环境影响评价审批职权不能下放；市、县级生态环境主管部门人员不足难以承接的，环境影响评价审批职权不能下放。环境影响评价审批权不能下放到乡镇人民政府和街道办事处。实行环境监测监察垂直管理后，各省级生态环境主管部门应制定规范，授权市、县级生态环境主管部门继续行使管辖区域内的行政审批职权，明确现场核查、"三同时"验收等事中事后监管的主体及其职责。对于下放的环境影响评价文件行政审批事项，上级生态环境主管部门要健全审批制度，完善审批程序，给基层提供可操作性的依据和规定。同时要加强对下级生态环境主管部门的指导和培训。

在监管上，对地方环境影响评价分级分类管理的进行依法合规性检查，对可能出现的偏差及时进行纠正，保证改革沿着正确的方向前行，增强环境影响评价制度刚性。组织对地方环境影响评价文件审批权限划分的合理性、下放审批权限配套措施的完备性、地方承接审批权限的能力和水平以及审批质量的核查，促进地方政府因地制宜确定环境影响评价文件审批权限。

4.5.1.4 严格"未批先建"和"重大变动"监管

"未批先建"主要包括以下几种情形：一是在项目开工建设前未依法编制环境影响报告书、报告表，即"应编未编"；二是虽然编制完成环境影响报告书、报告表，但未依法报有审批权的生态环境主管部门审批，即"应报未报"；三是虽然已经报有审批权的生态环境主管部门审批，但由于不符合法定条件而未审查通过，即"报而未批"；四是应当编制报告书、报告表，而建设单位只填报备案了环境影响登记表的，或者填报备案了环境影响登记表的建设项目在施工过程中发生变化，按照规定需要编制环境影响报告书、报告表而未编制并获批的；五是建设项目的性质、规模、地点、采用的生产工艺或者防治污染、防止生态破坏的措施发生重大变动没有重新开展环评并获批准的；六是建设项目环境影响报告书、报告表经批准之日起满 5 年，建设项目方开工建设，建设单位没有将环评文件重新报原审批部门审核并获批准的。如果存在以上六种情形，建设单位仍然开工建设，均属于"未批先建"。

"未批先建"的监管难度较大，屡禁不止。首先，要从根本上提高建设单位环境保护的主体责任意识。制订企业环境管理绿色名单、灰色名单和黑色名单制度，对企业实行环境信用管理。建立跨地区、跨部门和跨行业的失信联合惩戒制度，对严重违反环境保护法律法规规定的企业事业单位和其他生产经营者，依法采取公开曝光、行为限制和失信惩戒等措施，促使其纠正环境违法行为，提高环境守法意识。充分发挥群众监督、社会监督的作用，构建全社会参与的环境影响评价监管体系和"守信激励、失信惩戒"机制。其次，大力实施网格化管理和双随机抽查机制。各地应把建设项目的环境影响评价审批、备案情况纳入"双随机一公开"的范围。省、市、县三级实行信息互通，各省级生态环境主管部门建立本行政区域建设项目管理清单，数据推送至本省域环境监察移动执法系统，由属地的生态环境主管部门按照"双随机一公开"原则将现场检查信息录入移动执法系统，实现对"未批先建"的及时处理。最后，提高遥感技术在"未批先建"监管中的应用，加强卫片执法检查工作。即利用卫星遥感监测技术，实现未批先建的早发现和早制止，建立在线巡查系统，实现对违法开工建设的网格化、制度化动态巡查。

2015 年，环境保护部依据法律法规和工作需要，印发了水电、水利、火电、煤炭、油气管道、铁路、高速公路、港口、石油炼制与石油化工等行业建设项目重大变动清单，为环境影响评价审批、环境保护验收和排污许可管理提供依据。

各级生态环境主管部门可结合本地区实际，制订本行政区特殊行业重大变动清单，报生态环境部备案。建设项目属于重大变动的要求重新报批环境影响评价文件，不属于重大变动的纳入环境保护验收管理。在"重大变动"的监管中，应充分发挥环境监理的作用，如果环境监理单位发现项目在施工过程中与原环评批复不符，应及时告知建设单位，督促建设单位及时向主管部门申请变更环评。即使建设单位不予采纳，环境监理单位也应定期在环境监理报告中向生态环境主管部门报告工程的变更情况。

4.5.2 建立"双随机"抽查制度

在《国务院办公厅关于推广随机抽查规范事中事后监管的通知》（国办发〔2015〕58 号）和《建设项目环境保护事中事后监督管理办法》（环发〔2015〕163 号）（以下简称《办法》）等文件中，明确了环境保护事中事后监督管理的"双随机"抽查制度。"双随机"抽查制度在环境保护监管领域中的运用，是新时期环境保护监管模式创新的一项重要举措，对于提升环境监管效能、规范环境监管工作流程具有重要意义。

4.5.2.1 "双随机"抽查的制度原理

随机抽查监管是由监管者从所有被监管对象中随机抽取一定比例进行检查，同时监管人员也是从所有监管队伍中临时随机抽选的一种监管方式。具体在环境监管领域，要实现随机抽查制度的设计功能，其核心就是要在监管对象与监管主体两个层面实现"双随机"机制的有效约束，以达到监管者与监管对象在监管前无法实现信息沟通的目的。随机监管制度的设计灵感来源于经济学界创造的最优监管理论。这种理论认为，如果监管是随机的，惩罚按照其监管概率的倒数相应提高，那么，对违法者的威慑不会发生变化，监管成本却能减少，最优监管将在减少的损害与增加的监管成本的边际上获得。随机监管模式正是在最优监管的理论逻辑上衍生而来。

最优监管模式的运行原理主要表现在以下三个方面。一是监管是完全随机的,不要求对所有环境违法行为进行全面执行,也避免了选择性执行。在概率论上,每一个社会主体接受监管的概率是相等的,包括在时间上的随机——在任何时候监管的机会都相等,也包括空间上的随机——社会主体在同一时间接受监管的概率相等。在我国已经实施的污染类项目事中事后监管方案中,环境随机监管的重要方式之一是摇号监管,监管对象的选择以及具体的监管人员均是采取摇号方式随机产生,监管前监管者无法知道监管对象,这就避免了监管者选择性监管,监管人员摇号产生,就会让监管对象无法事先知晓具体的检查人员,防止监管对象进行贿赂等监管腐败情况。二是追求监管过程的公平。虽然随机监管容易造成监管遗漏问题,但在现有监管资源不足的条件下,以完全的随机带来的针对每一位监管对象的平等监管概率可以最大限度地保障监管公平。三是实现监管程序的公开。最优监管模式的本质要求是要保证每一位被监管者的程序性权利,而为了实现这一点,确保随机程序公开是关键要求。

4.5.2.2　"双随机"抽查制度需解决的问题

(1) 监管遗漏可能降低环境监管对象的违法成本

随机监管制度的设计,因为在一定时期内的监管对象是按照一定概率抽选的,存在监管遗漏问题,如果惩戒力度不足和公众监督不到位,无法起到示范警示作用,可能会降低环境监管对象的违法成本。按照全监管条件下的惩戒力度,如当类似环境违法违规行为被监管并给予制裁的概率是 50%,那么社会主体预期的环境违法成本其实只有法定违法成本的一半;因为从严格的经济学意义而言,监管对象的违法成本是由单次行为的违法成本与违法行为被发现并给予制裁的概率的乘积决定的。如果不充分发挥公众及社会的监督力量,将进一步降低监管对象违法被发现的概率,导致环境违法者担责风险的减少,加大市场主体的违法倾向和逃脱制裁的侥幸心理。

（2）监管信息不准确将会造成"监管不公平"

随机监管制度的设计，前提是将本行政管辖区域内所有生态影响类项目全面动态地纳入抽样框，如果待抽样本的总量存在遗漏情况，或者项目的相关信息滞后，就会影响随机抽选制度保障公平监管功能价值的实现。对于生态影响类建设项目来说，监管信息统计存在几方面的困境：一是环境保护系统还未形成例行的生态监测/观测、环境信息申报及其考核机制，造成监管部门环境信息的缺失；二是生态影响类线性工程跨行政区域的现场较为普遍，上位环评审批部门与下位的项目监管执行主体的信息不对称；三是生态影响类的建设项目存在多个监管执行主体，比如港口项目，涉及海事、水利、环保、农业等多个部门，各个部门之间的"信息孤岛"弱化了监管力度。基础数据的缺乏与监测体系的不完善会加大环境保护随机抽查监管的误差，影响随机执法制度的实施效果。

（3）基层监管资源不足将降低"随机"的意义

随机监管制度的设计，要求在基层中随机抽选专业监管人员参与检查。为了实现随机抽查的效果、避免出现寻租腐败的风险，对于待抽选的检查人员应该满足数量多、素质高的要求，如果数量过少，那么参与环境监管人员的"随机性"丧失，抽查本身就会失去意义；如果素质不高，即使被抽中进行监管，由于环境监管的专业性与技术性特点，在缺乏团队援助的情况下，个别监管人员凭借自身的业务能力完成监管任务。然而，以上两种不利因素在我国基层环境管理单位都普遍存在，特别是生态影响类建设项目的监管，一是因为我国的生态影响类监管能力建设相对滞后，二是因为生态影响缺乏定量标准。我国环境法律在基层的实施困境在很大程度上可以归结为"小马拉大车"的问题，即基层一线执法人员太少，无法满足环境管理的现实需求，如在我国的一些区县，环境监测大队的人数仅在个位数，不仅要监管全县上千家企业，还要监管数量众多的生态影响类项目。

（4）行政过度干预将影响监管的独立性

随机监管制度的设计，在于通过透明化的程序设计确保监管过程的独立、客观、公正，这项制度如要真正发挥效用，就必须要保持抽选程序设计过程不受外在因素影响，在抽选过程中能真正做到"随机性"，而不能带有"选择性"。新修订的《环境保护法》虽然已经明确了地方政府的环境保护责任，但是由于保持地方经济社会平稳发展的现实需要，政府通过非制度性手段保护监管对象或者干扰监管程序的情况在一些地方依然存在。这既会导致环境监管的公平性与透明性的丧失，降低环境监管者的公信力，也会在出现环境违法事件而需要追责时因无法明确责任主体而使一线监管者的监管风险增大，最终导致随机监管的功能价值无法实现。

4.5.2.3　事中事后监管的"双随机"抽查制度设计

（1）总体框架

将事中事后监管纳入"双随机"日常监管范围，实现事中事后监管常态化。按照属地监管原则，落实随机抽查主体，明确抽查对象。抽查内容应包括环境影响评价报告书（表）编制及审批情况、环境影响登记表备案及承诺落实情况、"三同时"落实情况、环境保护验收情况、环境影响后评价开展及补救方案或者改进措施落实情况等。因地制宜设置监管抽查比例，确保一定周期内实现监管范围全覆盖。对投诉举报多、有严重违法违规记录、环境风险高的项目开展靶向监管，加大抽查力度，提高抽查比例；对诚信守法的建设项目和建设单位降低抽查比例。

（2）抽查原则

"双随机"抽查工作应当遵循依法实施、公开透明的原则，确保抽查工作依法有序开展。

依法实施是指所有的随机抽查事项应当依据法律法规规章规定，严格按照随机抽查事项清单组织实施，法律法规规章没有规定的，一律不得擅自开展检查。公开透明，是指检查清单、检查计划、实施过程、检查结果应当依法公开。

（3）抽查主体

按照属地监管原则，市、县两级生态环境主管部门负责本行政区生态影响类建设项目日常环境监管随机抽查工作。跨行政区域的工程，按照分段属地化的原则，对市、县监管主体属地内的工程和保护目标进行监管。

抽查主体每年向上级主管部门上报例行抽查工作计划，省级及国家生态环境主管部门每年对下级部门的抽查工作进行评估和考核。

（4）抽查事项

抽查事项应包括环境影响评价报告书（表）编制及审批情况、环境影响登记表备案及承诺落实情况、"三同时"落实情况、环境保护验收情况、环境影响后评价开展及补救方案或者改进措施落实情况、企业环境信息公开情况等。

（5）抽查基础

市、县两级生态环境主管部门要充分利用现有环境信息库，逐步完善日常监管动态信息库，并将其作为随机抽查基础，指定专人负责信息库的建设、运行维护、信息录入和信息更新工作。生态影响类建设项目日常监管动态信息库应预留与其他环境管理信息库的接口。

动态信息库由特殊项目库、重点项目库、一般项目库、豁免项目库组成。特殊项目库指投诉举报多、有严重违法违规记录的项目；重点项目库指具有重大环境风险、涉及特殊及重要生态敏感区的项目；一般项目库指除特殊项目、重点项目、豁免项目外，各级生态环境主管部门认为应当列入日常监管的项目；豁免项目库指具有良好守法记录、环境影响较小的项目。

建立执法检查人员名录库，分为骨干人员库和普通人员库，每次抽查工作应由骨干人员带队。执法检查人员应依法持有行政执法证或环境监察执法证。

（6）抽查方式和抽查比例

市、县两级生态环境部门根据本行政区环境监察人员数量、行政区面积、生态影响类建设项目数量、企业环境守法状态、生态环境质量和群众投诉情况，合理确定抽查比例（不应低于本方案规定的最低比例），采用摇号等方式确定被抽查单位名单，按照抽查事项清单进行现场检查。

市、县两级生态环境主管部门每年12月底前，按照本单位确定的抽查比例，确定下一年度被抽查单位数量（家次），纳入本级《环境监察年度工作计划》，报上级生态环境主管部门备案；并于每季度结束前 5 个工作日内，采用摇号等方式确定下一季度被抽查单位名单。

最低抽查比例：

①重点项目最低抽查比例：市级生态环境主管部门每季度至少对本行政区 5% 的重点项目进行抽查，县级生态环境主管部门每季度至少对本行政区 25% 的重点项目进行抽查（原则上应保证每年对辖区所有重点项目进行一遍巡查）。

②一般项目最低抽查比例：市级生态环境主管部门至少按照 1∶5 的比例（在编在岗的环境监察人员数量∶被抽查单位数量）确定年度被抽查单位数量，县级生态环境主管部门至少按照 1∶10 的比例确定年度被抽查单位数量。

③特殊项目抽查比例：对存在环境违法问题和环境管理问题的项目，应适度提高抽查比例。

（7）抽查留痕

环境监察人员开展现场抽查工作时，应现场制作《现场监察记录》，有条件的地区应优先使用移动执法设备。发现环境违法行为的，应当责令改正，提出整改要求，按程序报告并做出处理。现场抽查工作结束后，实施抽查的生态环境主管部门要在 7 个工作日内将抽查结果填报日常监管动态信息库。

（8）信息公开

市、县两级生态环境主管部门按照信息公开要求，将随机抽查情况和查处结果及时向社会公开，接受社会监督。有条件的地方，可按照当地政府要求，将随机抽查结果纳入市场主体的社会信用记录。公开的内容包括随机抽查工作完成情况，抽查的项目名称、抽查时间、违法事实、惩治措施等。

（9）环境违法违规行为的监管行政自由裁量权原则

在法律法规允许范围内，通过提高监管的行政裁量权，提高惩戒力度，提高"随机"监管的震慑警示作用。

4.5.3 实行"三同时"清单式管理

4.5.3.1 "清单式"管理的含义

所谓清单式管理，是指针对某项职能范围内的管理活动，通过分析其流程，建立管理台账，并对流程内容进行细化、量化，形成清单，列出清晰明细的管理内容或控制要点，检查考核按照清单去执行的管理制度。与一般的管理方式相比，清单式管理的特点十分明显。首先，清单中的项目、程序、指令、要求或说明都必须非常具体，十分明确，任何抽象、模糊、笼统、大而化之、似是而非的说明或要求都是与清单式管理不相容的；其次，清单必须直接切中核心问题和问题要害，以最易于理解的方式把关键点呈现出来；再次，由于清单具体明确、简明扼要，因此它非常便于操作，实用性强，某种程度上清单式管理的生命力也正在于此；最后，清单式管理因其具有很强的可检验性，对改善组织监管和管理效果起到重要的支撑作用。在世界范围内，清单式管理已经得到越来越多的关注和使用。例如，负面清单、权力清单、物品清单、资产清单、流程清单、台账系统等，都是被广泛采用的清单式管理模式。

4.5.3.2 事中事后监管事项清单案例

在《"十三五"环境影响评价改革实施方案》中，重点强调了推行规划环评清单式管理，而对"三同时"管理，关键要创新体制机制。目前，部分省、市、县通过积极探索，也初步建立了清单式管理的制度，出台了相关管理政策。

（1）江西省环境保护厅随机抽查事项清单

江西省环境保护厅于 2017 年 5 月发布了随机抽查事项清单，包括环境评价机构资质条件、环境影响评价工作质量检查，建设项目"三同时"检查，排污申报登记和排污费征收检查，污染物排放检查，工业固体废物处置和危险废物处置检查，环境保护设施运行情况检查，环境信息公开情况检查等抽查事项，并明确了检查内容、抽查比例和频率（见表 4-1）。

表 4-1　江西省环境保护厅随机抽查事项清单

序号	抽查事项	检查依据	检查主体	检查对象	检查内容	抽查比例	抽查频率
1	环境评价机构资质条件、环境影响评价工作质量检查	1.《中华人民共和国环境影响评价法》第三十三条；2.《建设项目环境影响评价资质管理办法》第三十条	省环保厅	省内开展环评业务的环境评价机构	环境评价机构的资质条件、环境影响评价工作质量	不低于 5%	每年2 次
2	建设项目"三同时"检查	1.《中华人民共和国环境保护法》第四十一条；2.《中华人民共和国环境影响评价法》第二十六条	省环保厅	国控、省控重点污染源排污单位、工业园区污水处理厂	环评报告书（或报告表）、环评批文、竣工验收报告、竣工验收批复中载明的环境保护要求，并检查落实情况	5%	每年4 次
3	排污申报登记和排污费征收检查	《排污费征收使用管理条例》（国务院令第 369 号）第六条	省环保厅	国控、省控重点污染源排污单位、工业园区污水处理厂	排污申报登记表，环保主管部门发出的缴费通知单和缴费数据情况	5%	每年4 次
4	污染物排放检查	《中华人民共和国环境保护法》第二十四条	省环保厅	国控、省控重点污染源排污单位、工业园区污水处理厂	污染源的位置及配备的相关设施，环境监测报告、自动监控数据、验收监测数据等	5%	每年4 次
5	工业固体废物处置和危险废物处置检查	《中华人民共和国固体废物污染环境防治法》第十五条	省环保厅	国控、省控重点污染源排污单位、工业园区污水处理厂	一般工业固体废物和危险废物的类型、数量、贮存、运输和处置方法，场内使用临时贮存设施是否符合相关标准，不具备自行处置能力的企业附接收危险废物单位的相关资质证明、危险废物转移联单等情况	5%	每年4 次

序号	抽查事项	检查依据	检查主体	检查对象	检查内容	抽查比例	抽查频率
6	环境保护设施运行情况检查	《中华人民共和国环境保护法》第二十四条、第四十一条	省环保厅	国控、省控重点污染源排污单位、工业园区污水处理厂	环境保护设施的运行、维修记录；环境保护设施的工艺、设计和实际处理能力、设计和实际处理效率；不能正常运转或未能达到设计要求的原因以及正在采取的工程措施、效果	5%	每年4次
7	环境信息公开情况检查	《中华人民共和国环境保护法》第五十五条	省环保厅	国控、省控重点污染源排污单位、工业园区污水处理厂	企业环境信息公开的内容、方式、时间等情况	5%	每年4次

（2）西宁市环境保护局管理事项事中事后监管清单

西宁市环境保护局于2017年7月发布了管理事项事中事后监管清单,包括事项名称、监管对象、监管方式、监管程序、监管措施、职权依据、处理措施、责任追究等内容。其中,对建设项目（含核技术项目）环境保护设施"三同时"审查验收的监管内容主要包括：检查环境保护设施是否纳入施工计划；检查环境保护设施是否与主体工程同时设计、同时施工、同时投产使用；检查环境保护设施是否严格按照环评及批复施工；检查环境保护资金使用情况；检查环境保护工程质量；检查施工中为避免噪声、粉尘、振动等对周围环境造成影响而采取的相应措施；环境保护设施未建成、未验收或验收不合格,主体工程正式投产使用。监管程序为：监察部门发现未批先建项目,责令停止建设,督办手续→监察部门现场监督监察→违反"三同时"立案查处→监察部门督促申请验收→建设项目竣工环境保护验收公示并批复→纳入正常管理。

（3）杭州市经济技术开发区建设项目环境保护"三同时"制度执行情况监管

①监督检查对象

开发区辖区内报批环境影响评价文件的建设单位。

②监督检查内容

a. 监督检查内容

● 环境影响评价文件污染防治措施等要求落实情况；

● 建设项目性质、规模、地点、生产工艺是否发生重大变化；

● 建设项目评价自批准之日起满 5 年方开工建设的；

● 建设项目是否执行"三同时"制度；

● 建设项目正式投产，需配套的环境保护设施是否通过验收合格。

b. 监督检查指标

● 抽查面不少于 10%。

上述指标与上级下达监督检查指标不一致的，以上级下达监督检查指标为准。

③监督检查方式

对通过环境影响评价文件的建设单位进行现场检查：

● 定期检查：报告书项目自审批后每 3 个月检查 1 次。

● 专项督查：每年不少于 1 次。

④监督检查措施

● 开展报告书项目的"三同时"跟踪管理，检查建设项目和配套的环境保护设施施工、建设、运行等情况；

● 开展环境保护设施竣工验收，对投入试生产企业进行现场检查，督促建设单位落实环境影响评价文件提出的污染防治措施等要求。

● 对检查中发现问题的企业进行后督察，检查企业是否落实整改要求。

⑤监督检查程序

● 做好检查前的准备工作（收集相关材料和信息，制订检查方案，备好检查工具和监测采样工具）；

- 持有效执法证检查，人数不得少于 2 人；

- 实施现场检查和书面检查等；

- 根据检查情况，视情处理各类情况；

- 对需要纳入行政处罚的，制作调查案卷移交市环境保护局审查；不需要
  移交的，相关材料总结归档。

⑥监督检查处理

建设单位未依法报批或者报请重新审核建设项目环境影响评价文件，擅自开工建设的，由有审批权的环境保护主管部门依法责令停止建设，限期补办手续；逾期不补办手续的，可以处 5 万元以上 20 万元以下的罚款。

建设项目环境影响评价文件未经批准或者未经原审批部门重新审核同意，建设单位擅自开工建设的，由有审批权的环境保护主管部门依法责令停止建设，可以处 5 万元以上 20 万元以下的罚款。

建设项目无环境影响评价批准文件，建设单位擅自开工建设并建成投入生产或者使用的，由有审批权的环境保护主管部门责令停止生产或者使用；依照有关法律、法规规定应当予以罚款并责令关闭的，按照有关规定执行。

有关行政处罚裁量权按照《浙江省环境保护厅关于进一步规范环保行政处罚自由裁量权指导意见》和《杭州市环境违法行为行政处罚量罚办法》有关规定执行。

4.5.3.3 "三同时"监管事项清单制度设计

（1）总体框架

制定"三同时"监管事项清单管理的相关政策（可采取通知、意见等形式），明确建立"三同时"监管事项清单管理制度的目的、基本原则、实施主体、清单制定依据、"三同时"监管事项、监管方式、监管程序、监管措施等内容，并附清单样例。

（2）制度内容

①目的

加强环境影响评价事中事后监管，完善监管工作机制，提高生态影响类建设项目环境保护"三同时"制度落实情况的监管效能。

②基本原则

生态影响类建设项目"三同时"监管事项清单的制定和管理应当坚持依法合理、公开透明、规范有序、简明高效的原则。

③实施主体

在全生命周期环境管理中，生态环境主管部门的定位是监管的责任主体，负责对建设单位实施环境保护工作的情况进行监督、检查和执法，因此，生态环境主管部门是"三同时"监管事项清单的制定和管理主体。生态环境部负责"三同时"监管事项清单的制定，各级生态环境主管部门以监管事项清单作为主要依据，对"三同时"执行情况实施监督管理。

建设单位是落实"三同时"制度的责任主体，应对照监管事项清单内容和要求编制"三同时"执行情况说明，并应在项目开工建设前、施工期和投入运行后定期将"三同时"执行情况向社会公开和向生态环境主管部门备案。若该项目为抽查对象，建设单位应按要求填写监管事项清单（在清单设计中，一部分内容由建设单位填写，做到"一项目一清单"），并提交给生态环境主管部门作为监管依据。

④清单制定依据

"三同时"监管事项清单制定的主要依据是环境保护有关法律法规的要求、技术标准规范、经批准的环境影响评价文件及批复文件、依法取得的排污许可证、环境影响后评价提出的改进措施等。

⑤"三同时"监管事项

监管事项清单应突出不同阶段的监管重点，在项目开工建设前重点监管建设项目在设计中落实防治环境污染和生态破坏的措施以及环境保护设施投资概算，并将环境保护设施纳入施工合同的实施情况。建设过程中重点监管配套环境保护设施设计变更、建设进度（包括与主体工程的同步性）、环境监测、前次监督检查的整改落实情况等。项目建成后重点监管配套环境保护设施的验收和同步投入生产或使用情况，根据环境影响后评价结论采取补救方案、改进措施的实施情况等。

⑥监管方式

按照抽查原则、抽查比例，确定被抽查单位名单和执法检查人员。具体可参照"双随机"抽查制度的相关程序和要求。

⑦监管程序

确定被抽查对象→建设单位填写并提交监管事项清单→书面材料核查→现场监督检查→纠正→执行情况汇总。

⑧处理措施

对于监管事项清单中未予以落实的内容，依据相关法律法规，明确处理措施和责任追究。

⑨附件

监管事项清单样例。

（3）监管事项清单样例（铁路）（见表 4-2）

表 4-2　监管事项清单样例（铁路）

一级指标	二级指标	三级指标	环评文件批复情况（由建设单位填写）	实际情况（由建设单位填写）	与环评的一致性	备注
项目信息	项目概况	项目名称				
		环境影响报告书批复时间				
		环境影响报告书批复文号				
		铁路等级				
		正线数量				
		设计速度				
		牵引类型				

一级指标	二级指标	三级指标	环评文件批复情况（由建设单位填写）	实际情况（由建设单位填写）	与环评的一致性	备注
项目信息	项目概况	工程范围				正线及联络线
		列车对数				客车、货车每日区段车流
		线路长度				
		轨道类型				有缝/无缝、无砟/有砟
		桥隧比				
		车站				数量及规模
		机务、车辆设施				数量及规模
		占地数量				
		土石方数量				
		临时工程数量				施工便道、取弃土场、制梁场、拌和站、铺轨基地等
		项目投资				
		开工、完工时间				
	环境保护目标	生态	DK××-××段以路基形式穿越××自然保护区实验区			
		地表水	DK××-××段以桥梁形式跨越××饮用水水源二级保护区			
		地下水	DK××-××段以桥梁形式穿越××地下水饮用水水源二级保护区			
		噪声	××村、××学校、××医院等			
		振动	××村、××学校、××医院等			
		电磁	××村			沿线采用普通天线收看电视居民及牵引变电所外居民
		大气	××村			施工便道及拌和站周边居民；产生大气污染物的车站、动车所等周边居民
	规划相关	规划环评				项目是否符合规划环评
		相关路网规划				项目是否符合相关路网规划
		沿线城市规划				项目是否符合沿线城市规划

一级指标	二级指标	三级指标	环评文件批复情况（由建设单位填写）	实际情况（由建设单位填写）	与环评的一致性	备注
环境管理	环评制度执行情况	环境影响评价				项目是否依法进行环境影响评价，环评审批手续是否齐全
		竣工环境保护验收				项目是否按规定开展了竣工环境保护验收，并公开了验收报告
		重新报批环评文件				项目是否存在重大变动或原环境影响评价文件超过 5 年方开工建设，是否重新报批环评文件
	"三同时"制度执行情况	项目环境管理机构				建设单位是否建立了环境管理机构，明确了环境管理体系及相关管理制度
		环境保护设施				环评文件提出的环境保护设施和措施是否在工程设计中落实；施工监理中是否包含环境保护设施的相关内容，项目竣工后是否开展竣工环境保护验收
		施工期环境保护措施				施工期是否实施了污染防治和生态保护措施
		日常监督管理				是否开展了日常监督检查，整改落实情况
		环境监理				施工期是否开展了环境监理
		环境监测				施工期是否开展了环境监测
	环境管理台账	环境管理台账记录				是否开展了环境管理台账记录
		执行报告				是否定期上报执行报告
	信息公开	信息公开				信息公开方式、时间节点、公开内容

一级指标	二级指标	三级指标	环评文件批复情况（由建设单位填写）	实际情况（由建设单位填写）	与环评的一致性	备注
生态影响	自然保护区、风景名胜区等生态敏感目标	敏感区内工程概况				核查工程与敏感目标的相对位置关系；工程设施（主体、临时）的分布情况
		环境保护措施				核查环评文件提出的野生动物通道、增殖放流、珍稀古树移栽等生态保护措施的落实情况，实施进度等
	主体工程	路基	草皮移栽，路基边坡、路堑防护等植物防护措施			核查施工过程中规范施工边界、保护植物（如高原草甸移栽保护）、动物（如是否在鱼类洄游期预留通道）等环境保护措施落实情况；路基边坡、路堑防护的植物防护措施，线路两侧、站场内部及周边采取的绿化措施实施情况及效果
		站场	绿化等措施			
		桥梁	××—××月××鱼类洄游期预留通道，桥梁两侧绿化措施等			
		隧道	隧道边仰坡绿化措施			
	临时工程	施工便道	场地清理平整、绿化恢复等措施			核查清理平整、绿化、复耕等生态恢复措施落实情况及实施进度
		取弃土场	挡护、防护工程，绿化恢复措施等			核查挡护、防护措施、场地平整及绿化、复耕等生态恢复措施落实情况及实施进度
		制梁场、拌和站、铺轨基地等	场地清理平整、绿化恢复等措施			核查场地清理平整、绿化、复耕等生态恢复措施落实情况及实施进度
环境影响	声环境	施工期	××制梁场东侧场界噪声			核查施工场界噪声、周边敏感点环境噪声是否超标
			距拌和站100 m处××村的环境噪声			
		运营期	××村（距铁路外轨中心线×× m）环境噪声；DK××—××采取3 m高、420 m长的声屏障			核查线路两侧敏感点环境噪声是否超标；声屏障、隔声窗等降噪措施、敏感点搬迁、功能置换等措施落实情况及实施进度

一级指标	二级指标	三级指标	环评文件批复情况（由建设单位填写）	实际情况（由建设单位填写）	与环评的一致性	备注
环境影响	环境振动	施工期	DK××—××区段城市区段夜间禁止施工			核查强振动设备是否执行远离敏感区或采取减振等措施
		运营期	××村（距铁路外轨中心线××m）环境振动；××村距铁路外轨中心线25m以内8户搬迁			核查线路两侧敏感点环境振动是否超标；无缝钢轨等减振措施及敏感点搬迁、功能置换等措施落实情况及实施进度
	地表水环境	敏感区内工程概况				核查项目与水源保护区等水环境敏感区的相对位置关系，工程设施（主体、临时）的分布情况
		施工期	线路跨越××饮用水水源二级保护区桥址上、下游水质			核查水源保护区等敏感水体、施工排放的污水是否超标
		运营期	××动车所每日排放生产污水××t、集便污水××t、生活污水××t，排入市政管网，排放污水水质			核查沿线车站、机务车辆设施等污水排放情况（污水种类、排放量、排放去向等），污水排放达标情况、治理措施落实情况及实施进度
			××动车所集便污水厌氧处理设施、含油污水隔油处理设施			
	地下水环境	地下段	××隧道上方××村水井水位			核查工程周边居民用水漏失情况、工程补救措施（施工止水措施、替代水源等）实施情况
			××村替代供水设施			
		沿线维修设施	××机务每日排放生产污水××t、生活污水××t，生产污水采用气浮设备，生活污水经化粪池处理后排入市政管网			核查工程沿线涉及维修的机务车辆设施等污水排放情况（污水种类、排放量、处理设施落实情况、排放去向、达标情况等）
	大气环境	施工期	施工道路旁大气监测值			核查施工场地、施工道路扬尘是否超标；核查施工期洒水降尘、覆盖等措施落实情况
			施工道路定时洒水措施			
		运营期	××车站设置燃煤/燃气锅炉×台，烟气排放监测值			核查工程沿线车站、货场等锅炉设置情况，是否达标排放；核查大气污染治理措施（如抑尘网、食堂油烟净化设施等）落实情况及实施进度
			××货场散货堆场周边设置××m高、××m长抑尘网			

一级指标	二级指标	三级指标	环评文件批复情况（由建设单位填写）	实际情况（由建设单位填写）	与环评的一致性	备注
环境影响	电磁环境	采用天线接收的电视用户	××村 10 户			核查环评文件提出的补偿措施落实情况及实施进度
		线路周边敏感点	××牵引变电所远离居民区			核查牵引变电所等是否按环评文件要求远离居民区
	固体废物	施工期	××车站生活垃圾收集后运至市政垃圾处理厂			核查施工建筑垃圾、生活垃圾是否按要求弃置
		运营期	机务段检修作业产生的金属屑回收利用			核查生产垃圾（维修设施产生的金属屑等）回收处理措施落实情况及生活垃圾集中处理情况
环境风险	管理	环境风险防控				核查环评文件中环境风险评价专章的落实情况；突发环境事件应急预案的编制、报备、演练和培训情况；应急物资和设备配备情况；环境安全隐患排查治理情况
	设施	应急设施	××桥梁桥面径流收集系统			核查环评文件提出的桥面径流收集系统等应急设施的落实情况及实施进度
	预案	环境应急预案				核查环境污染事故应急预案是否完善；应急管理体系是否健全、有效

处理意见：

年　月　日

监管人员（签字）：　　　　　　　　　　建设/运营单位（签章）：

4.5.4 探索与排污许可的衔接机制

我国排污许可证定位是规范和限制企业运行期的排污行为，既是企事业单位的守法文书，也是生态环境主管部门的执法依据，是建设项目运行期环境监管的重要手段。根据《控制污染物排放许可制实施方案》的要求，当前和今后一个时期，排污许可证管理内容主要包括大气污染物、水污染物，并依法逐步纳入其他污染物。对于生态影响类建设项目，可将噪声、水、大气等污染物排放纳入排污许可管理。例如，公路建设项目的服务区、铁路建设项目的车站、港口建设项目的生产及生活污水处理设施等的水污染物排放，锅炉、散货堆场、储油库等产生的大气污染物排放，并逐步将运营期噪声也纳入排污许可管理。

4.6 企业环境自律守法体系研究

长期以来，我国虽一直重视企业的环境保护工作，但是无论在实践中还是在制度建设上，环境保护的重点是对企业的外部性监督和审查，而忽视企业环境自律守法体系和实践上的指引。国内外的环境保护经验表明，企业自律的环境守法是解决环境问题的关键环节之一。构建完善的企业环境自律守法体系，才可能使企业将绿色落到实处。

4.6.1 构建企业环境自律守法体系的价值

（1）能有效弥补国家环境保护监管体系的薄弱环节，促进"绿色"建设的全面落实。当前，在环境保护工作中，国家环境保护监管部门是最重要的主体，但是，仅仅依靠国家环境保护监管部门的力量，已难以支撑环境保护的全部任务，并且效果也不尽如人意。这种状况的根源主要在于：一是因信息不对称，生态环境主管部门不可能全程、具体掌握企业对环境保护法律、法规的履行情况，尤其是企业职工的环境违法行为；二是伴随环境保护工作的开展，环境保护领域的范围日益扩张且不断复杂化，生态环境主管部门难以独立支撑环境保护的所有工作。借助企业环境自律守法体系的构建与有效地运作，则可弥补环境保护监管体系的不足和薄弱之处。首先，企业可以借助内部的环境保护监督机制，全面和准确地掌握自身内部的各种环境保护信息，及时发现建设和运营过程中的环境违法违规行为；其次，企业对项目的建设和运营情况最为熟悉，最能掌握生产经营所可能造成的环境影响情况，并且对可能涉及的相关环境保护法律、法规也能进行专门了解。只有企业环境自律守法体系有效地运作，我国环境保护工作才可能覆盖所有领域，最大限度地达到环境保护工作无死角，"绿色"建设才能切实落到每一步。

（2）能充分发挥企业的绿色化建设主体作用。重视环境保护的行政管控，通常只是将企业视为限制、监督和审查的对象；而企业对环境保护法规的遵守也往往是一种消极的态度，是被动的守法，而不具有守法的动力。实践证明，这种立场是偏狭的，并且所取得的环境保护效果并未达到预期。环境保护先进国家和地区逐渐意识到这一问题，开始提出环境保护合作原则，转向"双轮驱动"，既坚持政府对企业的严密行政管控制度及其具体措施，也重视与企业的密切合作，引导、鼓励企业自身的环境守法，取得了良好的环境保护效果。我国的绿色建设应当借鉴这种成功经验，充分发挥企业的绿色化建设主体作用。行政管理部门应采取各种政策、措施，诱导各种类型企业建立自身的企业环境自律守法内部机制。借助内部环境守法体系的建立及其运作，企业将绿色化建设的要求具体落实到自身的日常生产经营活动中，贯穿于生产经营的每一环节，包括绿色设计、绿色建设、绿色管理、绿色运营和绿色营销等。企业在环境自律守法体系的实际运作中，将环境保护视为自身的社会责任，能够最大限度地预防、发现并报告环境违法犯罪行为，并在环境事故发生后能及时地采取补救措施。企业与政府环境保护执法部门的良好互动关系也得以建立，最终会取得最大的环境保护效果。

（3）能提升企业的绿色建设和经营理念。经营理念是企业的灵魂，深刻影响着企业的日常行为。企业只有主动、自觉地树立和坚持绿色理念，才能适应新时代需求，才能可持续地发展。企业环境自律守法体系与企业绿色化经营理念之间是一种辩证关系，彼此相互作用、相互影响。在初始阶段，企业只是迫于客观形势而确立自身内部的环境守法体系。然而，在该内部机制的运作过程中，比如绿色材料、绿色结构、持续改进、绿色服务（产品）等，有关环境守法的操作规程等必然会逐步影响企业管理层及其普通职工的行为方式。更为重要的是，如果政府采取各种措施激励企业进行绿色经营，国民也趋向绿色化消费，企业严格自律守法，企业将更具有竞争力，这便会促使企业积极地制定更为严格、高效的环境自律守法体系并认真执行。在此过程中，环境自律守法体系的有效运作会逐步形塑企业的绿色化经营理念，并且深刻内化于企业每一位员工的行为中。

4.6.2　我国排污企业环境自律守法体系建设的前期探索

（1）国家层面，针对污染类企业正在积极探索企业自律守法模式。近年来，生态环境部制定了《印染企业环境守法导则》《燃煤火电企业环境守法导则》《合成氨企业环境守法导则》《造纸企业环境守法导则》等多部企业环境守法导则。对企业应该遵守的环境保护法律进行了梳理，明确了污染源监控制度、排污许可制度和企业环境信息公开要求，明确了环境保护税缴纳要求，载明了环境违法的处理情况。但对于如何充分发挥企业在绿色化建设中的主体性、能动性，对企业环境自律守法体系建设关注不够。

（2）地方层面，河北省正在全面推进企业环境管理自律体系建设。河北省出台了《企业环境管理自律体系建设指南（试行）》，要求按照企业规模建立与之相适应的环境管理自律机构，配备相应的企业"环境监管师"：大型企业建立三级或三级以上的环境管理体系，中型企业建立二级或二级以上的环境管理体系；强化资金保障，建立完善企业自律体系数据库，配备必要的自我监测设备。设立的环境保护总监职位是一个技术职称，职务低于副总经理、高于副总工程师，属于企业领导班子成员，也可以由副总经理兼任。2015 年 1 月，华北制药河北华民药业有限公司的员工邱中一作为企业的"环境监管师"上岗。作为河北企业环境管理自律体系建设的试点，这家公司建立了由 4 个环境监管师、30 多个环境监管员组成的环境管理专职队伍。迄今为止，河北省所有国控重点企业已参照指南和ISO 14001 标准要求完成了环境管理自律体系建设。

以《华北制药股份有限公司环境管理自律体系手册》为例，手册核心内容主要包括：环境监管机构和职责、法律法规及其他要求的获取与符合性评价、文件与档案管理、企业环境保护管理制度、教育培训、工作例会、程序与许可管理、污染控制管理、环境保护巡查、清洁生产、突发环境事件应急管理和信息报告、环境信息公开、自律体系评估与持续改进等。从 2015 年 4 月建立环境管理自律体系以来，华北制药股份有限公司搭建了环境管理信息平台，修改完善了 23 项环境管理制度，对 13 个子公司进行了巡查，发现环境问题 20 起，目前已全部完成了整改。公司设置了环境总监，专门负责公司自律体系建设与运行。通过自律体系的建设运行，企业填报环境信息、统计等效率明显提高，能够主动对污染治理设施进行升级改造。

4.6.3　企业的环境自律守法体系的建设

4.6.3.1　总体思路

（1）企业应有明确的环境守法伦理和政策

企业伦理和政策深刻影响着企业员工在日常生产经营活动中的行为方式。因而，对于努力建立环境守法体系的企业来说，应当以文件形式将企业环境守法伦理和政策明文加以规定，并且应将该政策传达于每一层级的每一位员工。环境守法伦理和政策应当由企业最高层即董事会和管理层直接领导制订，以凸显其权威性，保证其之后得以认真贯彻、落实。并且根据企业的业务性质以及环境违法的风险程度，具体决定环境守法伦理和政策的形式。对于具有严重的环境保护问题的企业，尤其是对于具有环境违法犯罪高度风险的企业，应当制定十分详细、具体的环境守法政策。在企业环境守法政策中应明确规定，企业遵循现行法律法规的环境义务和责任。

（2）关键岗位的配置

企业环境守法伦理和政策的有效落实，必须以有关执行人员的配置到位为基础。独立的人员配置可突出该项职能的重要性，并鼓励对该具体职能的关注。人员配置可以分为三个层面：一是负责环境守法事务的企业高管人员，是落实环境守法政策并实现环境守法目标的关键一环；二是环境行为的直接管理人员，企业应当将环境守法的具体义务向一线的管理人员明确，并建立企业环境守法工作的考核、监督和完善机制；三是履行某些特定职能的人员，包括环境守法业务的培训及宣传员、内部审计员、环境事故应急人员、环境公关人员等。各层级环境管理人员必须具有丰富的知识、良好的判断力和高度的责任感。

（3）具体、细致的环境守法操作指南

为了保证企业员工在本职岗位中切实遵循绿色规则，需要制订具体、细致的环境守法操作指南。首先，在制订环境守法操作指南时，必须结合本企业性质，精准确定企业可能违反的环境保护法律法规，尤其应关注之前的违法事项，同时应预测未来可能出现的违法类型。其次，针对每一守法事项，操作指南应明确法律适用的要件，并且具体设计相关的适用程序。尤其是在守法事项复杂并要求开展专门训练时，指南更应将操作程序设置得易于遵循，尽量避免使用难以理解的法律术语。另外，环境守法操作指南应特别强调企业有关日常环境守法的监督、行政调查和刑事侦查的法律义务。

（4）忠实履行的公开报告制度

该制度要求，企业应将其内部的环境守法现状自觉向生态环境主管部门报告，同时向公众公开。企业通过忠实履行公开报告制度，一方面，生态环境主管部门可全程、及时掌握企业内部的环境守法状况。尤其是在环境事故发生时，生态环境主管部门可在对企业生产经营中环境守法状况的全面把握基础上，及时、迅速地介入，从而采取必要且有效措施，最大化减缓和控制环境不利影响。另一方面，借助该制度，建立、加强企业与生态环境主管部门之间的沟通，可改善企业内部环境保护组织的架构，强化企业本身的环境保护守法意识。

因此，企业建立有效的环境自律守法体系，必须明确规定有关环境法律、法规所规定的公开报告义务，并确立一个可行的履行机制。我国制定了"环境信息公开制度"以及有关报告制度，对公开和报告的环境信息内容和方式规定得也较为具体，但是对企业内部如何确保忠实履行该制度着墨不多。为了忠实履行该义务，企业应采取如下具体措施：首先，对每一项公开报告义务，企业应采用多种形式对要求公开报告的内容向社会予以公开；其次，简要概括所要遵循的程序，并指出更为具体的规定在操作指南中的位置；再次，尽量使用易于理解的日常语言解释复杂的法律规定；最后，明确规定环境事故发生时，向生态环境主管部门和公众公开报告的时间界限。通过这些履行措施，能够最大限度地保证企业各级管理人员和普通职工将所发生的环境违法犯罪行为向负责环境守法事务的企业高层报告。

（5）内部周期性的环境审计制度

全面、有效的监督是企业环境守法机制高效运作的重要保障条件。企业应当设计并执行内部周期性的环境审计制度。该制度主要包括：持续的环境监测、环境保护设施和措施的突击检查和审计、守法情况的长期且独立的审核、清洁生产或绿色水平的持续改进等。可以参照 ISO 14001 标准要求进行审计和监督管理。通过周期性审计，一是促进企业环境管理常态化，二是促进企业环境行为和经营行为的持续性改进。

4.6.3.2　生态影响类企业的环境自律守法体系设计

（1）环境自律守法工作程序

环境自律守法工作程序见图 4-1。

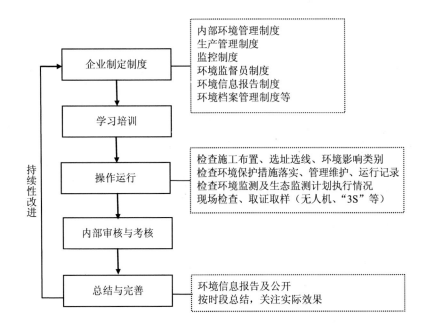

图 4-1　企业环境自律守法工作程序

（2）明确守法责任和义务

　　企业应根据自身特点，按照我国现行法律法规体系，建立完善的自律守法责任和义务细则，将其作为守法工作依据。生态影响类建设项目相关法律法规体系见图 4-2。

　　企业应有专门部门及时获取、识别适用于本公司生产、经营等活动的环境保护法律法规和其他应遵守的要求，指导企业守法经营，有效降低企业环境风险。

　　①工作要求：及时获取并识别与企业有关的环境法律法规和其他要求，开展适用性评估，编制"适用法律法规和其他要求清单"并及时更新，进行培训工作。

　　②法律法规获取与发放：中国政府签署的国际公约；国家法律法规、规章、条例、制度、标准和其他相关要求；ISO 14000 标准体系的最新要求；地方法规、规章、条例、制度、标准以及其他相关要求；行业要求等。

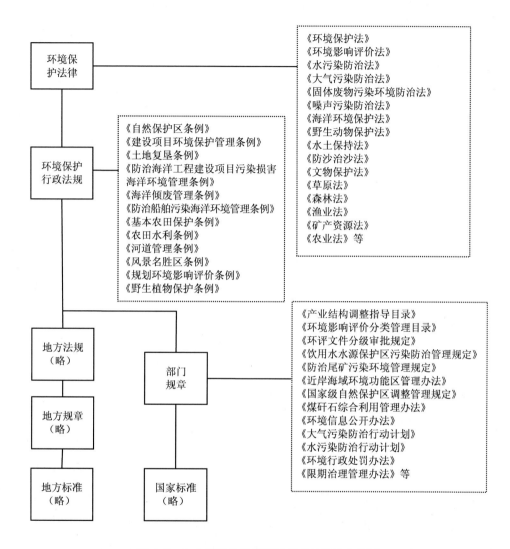

图 4-2　生态影响类建设项目相关法律法规体系

（3）明确定义环境行为和环境影响类型

根据施工阶段、运营阶段和关闭阶段企业行为及其环境和生态影响特性，对各影响行为和影响类型进行明确定义。例如，非正常工况、环境事故、危险废物、环境保护措施/设施、水土流失、生态影响、野生动物通道、栖息地、持续改进、环境保护巡查等。

（4）制定守法策略和政策

①设计阶段：将环境保护理念纳入设计文件，将环境保护责任具体落实到设计合同中，明确环境责任，从选址选线、施工工艺及布置、结构设计、建筑材料、生产工艺等全方面考虑清洁生产和环境理念。

②施工阶段：将环境保护责任具体落实到施工合同中，明确环境责任，将环境保护措施和设施的执行情况、施工期环境监测和生态监测的执行情况纳入监理工作中；审计施工方环境监测和管理计划执行效率。

③运营阶段：结合企业建设和生产行为执行例行内部环境审计。将环境保护责任落实到具体岗位、具体人，积极开展项目环境影响跟踪评估或环境影响后评价，执行详细的环境行为细则，将环境保护融入各个环节、各个人员。制定环境"零风险"策略。

④绿色价值提升：将清洁生产和环境持续改进的绿色文化纳入企业文化战略，实现公司品牌与环境价值充分结合；勇于承担社会责任，将企业环境行为准则和环境标准提升至行业前列，进一步提升企业的品牌形象和品牌价值，占领市场高地。

（5）确立环境管理机构和职责

①顶层设计：企业副总经理及以上级别管理人员负责组织、策划企业环境自律体系组织机构、人员设置和各层级管理人员职责；企业法人对公司环境行为的结果负责。

②企业级环境管理机构：a. 公司层面设置环境保护管理委员会，总经理任组长，负责公司环境保护规划、重大事项的审批；b. 公司一名副总经理主管环境保护工作，下设环境保护职能部门，根据企业实际情况设置二级环境保护管理部门，主要目标是将环境保护责任具体落实到规划设计、建设、生产、财务、公关宣传、教育培训等各个具体环节；c. 企业应设置环境监督管理员，各层级管理人员分别设置不同的企业环境监管员，明确各岗位职责，采取技能分级管理，并对环境监管员开展培训。

③项目及环境管理机构：a. 项目经理对项目的环境行为结果负责，视项目规模大小和环境敏感程度决定是否设置专职环境管理机构；b. 按照施工段或者环境要素分别设置环境监督管理员，根据施工合同和监理合同中明确约定的环境责任对建设项目进行环境管理和监督；c. 成立环境应急小组，应对突发环境事件。

④绩效与考核：a. 建立企业内部的企业级和项目级的环境行为绩效考核制度，将责任、权利与环境绩效直接挂钩，充分调动企业内部环境保护主动积极性；b. 建立施工合同和监理合同执行的环境绩效，与拨付款直接挂钩，提升施工单位和监理单位的环境保护主观能动性。

（6）环境管理制度

①环境保护基础管理制度：环境保护责任制度、环境保护例会制度、排污申报制度、排污许可制度、环境保护培训制度、企业环境管理监督人员管理制度、环境保护法律法规获取制度、环境信息公开管理制度、环境保护档案管理制度、建设项目环评与"三同时"管理制度、环境保护巡检制度、环境保护考核与奖惩制度、环境保护责任追究与奖惩制度。

②环境影响控制制度：废水、废气、固废、噪声等污染物防治管理制度，生态环境影响减缓与控制的管理制度，环境保护设施管理制度、监控设备管理制度，环境监测管理制度。

③风险应急管理制度：突发环境事件应急预案、危险废物泄漏应急预案、重污染天气应急预案、异味气体控制应急预案、突发环境事件信息报告制度、企业与周边社区和媒体等利益相关方的环境保护公共关系沟通管理制度。

④操作规程：各单位和各建设项目根据环境及生态影响类型，编制相应的生产和施工操作规程、设备巡检维修规程、现场应急处置方案、废水收集作业指导书、危废收集与贮存作业指导书、废气治理设施运行作业指导书、野生动植物保护指导书等。

（7）文件与档案

①职责：企业级环境管理职能机构负责编制体系手册，负责体系文件制度的

管理和修订，负责指导各单位建立环境保护档案；项目级环境管理机构和各二级或者三级环境管理机构负责编制、修订与项目或者环节相关的制度和操作规程等环境管理及操作文件，负责档案的管理。

②文件与控制：a. 自律体系文件的构成。第一层次文件——自律体系运行手册：体系的纲领性文件，是对体系的总描述，主要对职责和途径进行确定。第二层次文件——企业级环境保护管理制度，是指为完成各种环境保护工作的方法，是企业内部指导具体工作的管理性文件。第三层次文件——各单位/项目内部为管理需要所编写的管理制度、作业指导书、操作规程及各种工艺规程等，详细说明生产岗位某一过程或活动的具体操作方法。第四层次文件——环境记录、监测报告、评价报告等，是对体系策划和运行的记载。b. 文件控制。文件的发布：各层次文件发布前应由主管副总经理以上管理人员审核、批准，以确保文件是充分和适宜的；体系自律手册及企业级环境保护管理制度由企业级环境保护管理职能部门组织审批和发布；各单位环境监管师负责文件下载、保存和发放，负责督促本单位涉及污染控制和生态影响的作业指导书、岗位作业指导书等文件的发放管理，确保体系运行涉及的关键岗位都能得到有关文件的现行版本。文件的管理：各层次文件应有固定的场所妥善保存，便于查找。文件修订：各层次文件每年定期进行评审和修订，并重新审批，确保其适用性。

③档案：a. 档案类别。企业和建设项目基本情况资料；污染治理设施及生态保护措施资料及运行记录；危险废物档案及转运记录；环境安全防范与管理资料，包括突发环境事件应急预案及备案，应急物资记录，演练记录及照片，突发环境事件分析报告、事件处置报告等相关资料；建设项目环境影响评价资料或项目变更资料；企业环境监管资料，包括环境监测、生态监测资料及记录，各级生态环境部门现场监督检查记录等；企业现场检查管理资料，包括现场检查频次、现场检查记录、企业违法记录、行政处罚记录、限期治理、企业整改措施、举报信息及查处、督察督办等档案资料；企业管理制度档案，包括公司所有环境保护制度文件及清单；清洁生产资料，包括企业开展清洁生产审核，ISO 14000 环境管理

体系等资料；环境信息公开资料，包括企业环境信息公开报告，环境监测和生态监测方案、年度监测实施报告等；职工环境保护培训资料，包括培训计划、培训记录、培训签到表。b. 档案管理与更新。各单位和各项目必须建立完善的环境保护档案，由企业环境监管员负责管理；环境监管员要经常检查档案管理工作，定期更新档案资料，使环境保护档案逐步完善；根据相关要求制订档案保存期限。

（8）教育培训

①职责：各级环境管理机构负责各层级的培训计划的制订，并组织完成相应的培训任务，建立人员培训档案；公司宣传部门负责环境保护宣传工作。

②培训计划的制订：各单位和各建设项目根据实际情况和企业环境保护重点工作的实际需要，制订不同层次人员的环境保护例行培训计划；各单位培训计划因故需要变动时，可按程序变更。

③培训类型：企业内部培训类型按照培训对象分为环境保护管理人员培训、岗位操作人员培训及其他人员培训三类；施工期，各建设项目还需对施工单位和工程监理的环境保护负责人开展有针对性的环境保护宣贯培训。

④环境保护培训内容：国家、地方、行业、主管部门的环境保护管理要求；公司的环境管理要求和环境保护理念；公司的环境保护管理制度和相关操作规程；与企业实际结合的环境保护知识；环境风险目标、环境风险评估知识，重要环境因素控制措施等；突发环境污染事件应急预案，重污染天气、危险废物泄漏、污染事件处置措施和现场处置方案等；其他环境保护相关知识、环境保护新技术和新工艺等；有关环境保护案例。

（9）工作例会

①例会内容：学习、传达、贯彻落实有关环境保护政策和相关法律法规；总结上阶段的环境保护工作，部署下阶段的环境保护工作；通报突发环境事件及处理决定，进行警示教育；对环境保护工作存在的问题，研究落实解决问题的措施和方法；交流学习环境保护知识、治污新技术、清洁生产及环境保护管理工作经验等。

②例会安排：根据企业级、项目级、企业各单位的层级制订不同层级的例会制度，例会布置工作执行情况纳入绩效考核。

（10）环境保护巡查

①日常巡查：制订日常巡查计划，落实到具体人和具体环节，对各项污染防治措施和生态环境保护措施进行自查，还应包括以下内容：企业年度环境保护工作目标任务实施情况，各项环境保护管理制度的执行情况，抽查生产现场设备正常维护情况，建设项目环境保护"三同时"落实情况，排污许可证是否年检或换发新证，环境监测和生态监测执行情况，应急物资准备和应急演习，环境信息公开情况。

②环境保护专项巡查：环境保护专项巡查由企业级和项目级环境管理机构组织实施。根据日常巡查中各单位发现的问题进行综合分析，针对某一方面比较突出的问题，将组织环境保护专项巡查，制订巡查计划。

③内部环境审计：企业级和项目级环境管理机构组织环境保护审计工作，制订内部审计计划，编制检查清单，对下属各单位及各建设项目进行环境审计。环境审计形成审计报告，包括各单位环境保护管理现状、存在的问题和环境风险、整改建议等内容，并给出审计考核结果，上报企业主管环境保护副总经理及以上管理人员，并作为对该单位绩效考核、自律体系评估的依据。审计内容可以参考我国相关清洁生产审计的管理要求执行。

（11）突发环境事件应急管理和信息报告

根据企业及项目环境风险应急预案要求进行环境风险应急管理。

①环境风险识别与评估：各单位、各项目应成立应急管理机构，成立突发环境事件应急预案编制小组。开展环境风险识别和评价工作，对生产运行过程中因突发性事件或自然灾害导致的环境污染事件及其他潜在环境风险进行识别评价，并编制环境风险评价报告。

②应急设施、装备及物质：根据应急工作需要和任务要求配备相应的应急设施、装备及救援物资，联合社会风险应急能力应对环境风险。包括应急救援物资，

救援防护设备，事故池、消防废水收集池、围堰收集等保障设施，环境应急监测设备等。

③突发环境事件应急预案：编制环境风险应急预案并报相关主管部门备案。

④应急演练：各单位每年制订应急演练计划，企业及环境管理部门对各单位应急预案备案情况和应急预案培训及演练等情况进行跟踪检查。

⑤信息报告：根据风险响应级别启动不同级别的应急程序，将突发环境事件情况向相关职能部门汇报；突发环境事件的报告分为初报、续报和处理结果报告三类。

⑥事件调查与处理：事件原因调查和善后工作完成后，事件单位应提交详细的书面报告，说明事件发生原因、过程、危害、采取的补救措施、处理结果以及遗留的问题和防范措施等情况，并附有关的证明文件。必要时可组织相关单位和专家召开分析会，对突发环境事件产生的原因进行认真分析，督促有关单位制订防止再发生的措施或管理办法。

（12）环境信息公开

企业应主动自愿公开企业环境信息，接受社会监督。

①公开内容：依据《企业事业单位环境信息公开办法》和当地环境信息公开的相关要求公开信息，包括：单位名称、地址、法定代表人；主要污染物的名称、排放方式、排放浓度和排放总量；主要生态影响类型、方式和程度；超过排放标准排放污染物记录、分析及整改情况；环境保护投资、环境保护技术开发利用以及环境保护设施的建设和运行情况；废物的处置和综合利用等情况；环境污染事件应急预案、发生过污染事件以及造成的损失情况；开展环境监测和生态监测工作情况及监测结果；环境保护税缴纳、企业履行环境社会责任的情况；环境保护培训状况等。

②公开要求：按照及时、多途径、全覆盖等方式公开环境信息。

③环境保护公共关系：环境保护公共关系是指企业与周边居民、社区的环境保护信息沟通，形成利益相关方的互惠互利管理。为避免公共关系危机，企业应

建立与周边社区、新闻媒体的沟通管理机制，确保对企业环境保护状况的任何投诉、诉求、建议等都能够得到及时采纳、处理与反馈。

（13）自律体系评估和持续改进

①环境自律守法体系评估：依据国家《企业环境信用评价办法》的评估指标，结合企业环境影响情况、地理位置及周边环境敏感点，每年对环境自律守法体系运行情况进行评估，提出整改建议，并实施考核。评估守法体系的执行情况、执行效果和存在的问题。

②持续改进：对评估效果、问题、不符合项的产生原因进行分析研究，采取纠正和预防措施，对不符合的整改进行跟踪与验证。

4.6.3.3 企业环境自律守法的外部激励要素

在"绿色发展"的新时代背景下，环境自律守法体系的确立及其运行会提升企业的竞争力。然而，在一定程度上，环境守法成本是企业的负担。逐利是企业存立及其经营行为的原动力。因而，即使企业建立了环境自律守法内部机制，但是若仅仅依靠其自身的约束力，可能难以达到环境守法机制所追求的理想目标。因此，我们还应当确立一系列企业环境守法机制的外部激励要素，使内外要素彼此互动，形成体系化。

（1）积极的政策引导

各级政府尤其是生态环境主管部门应当采取系统化的环境保护政策，在政策上尽量使确立环境守法机制的企业经济利益不受损，积极地引导企业建立和高效运作环境守法机制。对于建立环境守法机制并切实履行的企业，可采取多形式、针对性的激励性政策，包括：在资金补助方面，优先安排环境保护专项资金或者其他资金补助，或者优先安排环境保护科技项目立项，以降低企业的环境守法成本；在税收政策方面，可以减少环境污染上的税费；在金融措施方面，鼓励银行等金融机构予以积极的信贷支持；在招投标方面，财政等有关部门在确定和调整政府采购名录时，将其产品或者服务优先纳入名录，并且鼓励同等条件下优先采购；新建项目需要新增环境影响时，纳入调剂顺序并予以优先安排。

（2）积极对企业环境守法机制的建立和运行给予援助

环境保护执法部门应自觉运用自身环境保护方面的信息和资源优势，对企业建立和运行环境守法机制给予积极的援助。环境保护执法部门应设立环境守法援助机构专门负责这些事项。在实践中，环境保护执法部门应根据不同行业的生产经营性质，分别制订相应的援助计划。援助计划应主要包括：协助企业全面、准确地掌握本企业生产经营中所应遵守的环境法律、法规；建立环境守法机制需要注意的基本事项；企业环境守法机制的制度建设的重点；有效运行环境守法机制的主要措施等。环境守法援助机构可以采取网站、电话等多种形式提供咨询以加强对企业的服务，方便企业，促使更多企业积极参与。另外，当今科技发展日新月异，环境保护新技术会不断出现，但因信息不对称，企业可能不了解。这时，环境保护执法部门应及时为企业推荐新技术，并提供咨询服务。

（3）市场准入和交易规则

市场准入和交易规则是企业环境守法最主要的约束和激励因素。在"绿色化"建设中，通过宣传、教育，倡导绿色的生活方式和消费模式，并根据实际情况，制订环境保护的市场准入和教育规则。企业基于赢利的目的，必然竭力提升"绿色水平"。

（4）在环境执法中应将企业环境守法机制视为重要考虑情节

在环境执法实践中，对环境违法者无论给予行政处罚还是追究其刑事责任，最终目的均是通过一定的惩治，威慑其不再重犯，以此促使违法者之后遵守环境法秩序。如果企业建立了较为完善的环境守法机制，并且在日常经营中得以有效执行，证明该企业具有较高的环境保护意识。因此，在环境执法实践中，我们应当将企业环境守法机制作为处罚中一个重要的考虑因素，施行差别监管，对评估结果为优秀的企业，降低监管频次。例如，美国在其环境刑事司法实践中即将企业环境守法制度作为减轻企业刑事责任的情节。在辩诉交易阶段，在企业与政府就是否对企业进行刑事追诉而协商时，企业守法计划能作为一个交易筹码；在量刑阶段，企业能证实环境守法计划的存在也有助于罚金的减轻。正因如此，美国企业才会积极地进行环境守法计划的参与和实践。

（5）环境信用体系促进企业自律守法

将从事能源、自然资源开发、交通基础设施建设以及其他开发建设活动，可能对生态环境造成重大影响的企业纳入我国正在建设的环境信用评价体系中，建立有针对性的信用评价指标和评价方法，全面展开信用评价。一是建立健全环境保护守信激励机制。对于自律守法单位，优先安排环境保护专项资金或者其他资金补助；优先安排环境保护科技项目立项；新建项目需要新增重点污染物排放总量控制指标时，纳入调剂顺序并予以优先安排；建议财政等有关部门在确定和调整政府采购名录时，将其产品或者服务优先纳入名录；组织有关评优评奖活动中，优先授予其有关荣誉称号；建议银行业金融机构予以积极的信贷支持；建议保险机构予以优惠的环境损害责任保险费率；将环境保护诚信企业名单推荐给有关国有资产监督管理部门、有关工会组织、有关行业协会以及其他有关机构，并建议授予环境保护诚信企业及其负责人有关荣誉称号。二是对环境保护警示企业实行严格管理。对环境保护警示单位，责令企业按季度书面报告信用评价中发现问题的整改情况；加大执法频次；从严审批各类环境保护专项资金补助申请；建议银行业金融机构严格贷款条件；建议保险机构适度提高环境损害责任保险费率。三是建立健全环境保护失信惩戒机制。对环境保护信用不良企业，责令其向社会公布改善环境行为的计划或者承诺，按季度书面报告企业环境信用评价中发现问题的整改情况；加大执法频次；暂停各类环境保护专项资金补助；建议财政等有关部门在确定和调整政府采购名录时，取消其产品或者服务；建议银行业金融机构对其审慎授信，在其环境信用等级提升之前，不予新增贷款，并视情况逐步压缩贷款，直至退出贷款；建议保险机构提高环境损害责任保险费率。

参考文献

[1] 蔡志洲，等. 小微型无人机应用——环境保护和水土保持[M]. 北京：高等教育出版社，2017.

[2] 柴西龙，邹世英，李元实，等. 环境影响评价与排污许可制度衔接研究[J]. 环境影响评价，2016，38（6）：25-27，35.

[3] 冯春涛. 发达国家矿山环境管理制度分析[J]. 环境保护，2004（7）：56-58.

[4] 高淑慧，张树礼，贾志斌，等. 煤炭开发建设项目环境影响后评价初步研究[J]. 北方环境，2011，23（1-2）：161-163.

[5] 高帧晗，王新军，李长江，等. 公路建设环境管理现状及对策[J]. 交通标准化，2014，42（9）：16-22.

[6] 谷朝君. 我国环境监理制度建设现状及建议[J]. 环境影响评价，2015，37（2）：1-4.

[7] 胡炜，魏本宁，赵江涛. 国外矿山环境治理管理制度研究及对我国的启示[J]. 中国矿业，2011，20（S1）：133-136.

[8] 交通运输部公路科学研究所. 环境影响后评价支持技术与制度建设研究——公路交通专题[R]. 2013.

[9] 李天威，李元实，李南锟，等. 环评改革背景下的基层需求与顶层设计[J]. 环境保护，2017，19：12-14.

[10] 李耀增. 青藏铁路的环境监理[J]. 环境保护，2006，13：28-30.

[11] 李元实，杜蕴慧，柴西龙，等. 污染源全面管理的思考——以促进环境影响评价与排污许可制度衔接为核心[J]. 环境保护，2015，12：49-52.

[12] 李挚萍，李新科. 以环评文件质量管理为核心的环评监管法律机制的思考[J]. 环境保护，2017，19：15-19.

[13] 梁鹏，陈凯麒，苏艺，等. 我国环境影响后评价现状及其发展策略[J]. 环境保护，2013，1：35-37.

[14] 刘建国. 国外铁路改革模式的分析与比较[J]. 湖北经济学院学报（人文社会科学版），2009，6（2）：71-73.

[15] 《青藏铁路》编写委员会. 青藏铁路：科学技术卷·环境保护篇[M]. 北京：中国铁道出版社，2012.

[16] 王蔚，何勇，潘良君，等. 世界银行贷款项目管理实务精解[M]. 南京：东南大学出版社，2017.

[17] 邢盼. 铁路建设项目环境保护监管模式研究[D]. 石家庄：石家庄铁道大学，2014.

[18] 徐曙光. 国外矿山环境立法综述[J]. 国土资源情报，2009，8：20-24.

[19] 张树礼. 煤田开发环境影响后评价理论与实践[M]. 北京：中国环境出版社，2013.

[20] 赵琼. 港口环境管理体系研究[D]. 天津：南开大学，2009.

[21] 赵越，卢力，丁峰，等. 卫星遥感技术在违法开工项目监测识别系统中的应用实例[J]. 环境工程，2015，1：146-149，158.